Peter Wagner / Joachim Deppmeyer

DEUTSCHE BAHNPOSTWAGEN

seit 1945

transpress

Einbandgestaltung: Luis dos Santos
Titelbilder: Aus der Sammlung von Herrn Klaus Kirsch

Bildnachweis: Die zur Illustration dieses Buches verwendeten Aufnahmen stammen – wenn nichts anderes vermerkt ist – vom Verfasser.

ISBN 978-3-613-71709-1

1. Auflage 2024

Sie finden uns im Internet unter www.transpress.de

Lektor: Hartmut Lange
Innengestaltung: Jürgen Knopf
Repro: Medien und Printprodukte, 74321 Bietigheim-Bissingen
Druck + Bindung: Graspo Cz a.s., CZ-76302 Zlin
Printed in Czech Republic

Der vorliegende Titel *Deutsche Bahnpostwagen* bringt in stark vereinfachtem und vorgegebenem Umfang einen Überblick über die wesentlichsten Gattungen dieser Art von Fahrzeugen, die nach dem Zweiten Weltkrieg bei den deutschen Postverwaltungen zur Beförderung von Postgut verwendet wurden. Damit ist er besonders für Neueinsteiger in diese Problematik geeignet. Gleichzeitig erinnert er an einen Abschnitt gemeinsamer deutscher Eisenbahn- und Postgeschichte. Dabei sei bemerkt, dass die Bahnpostwagen in dieser Zeit anfangs Eigentum der Deutschen Reichspost waren und danach anteilig an die nachfolgenden Postverwaltungen übergingen und damit deren Eigentum wurden. Nach dem Zweiten Weltkrieg in der Zeit von Juni 1945 bis 01. April 1946 gestatteten die vier Besatzungsmächte in ihren Besatzungszonen die Gründung der Deutschen Post (DP) als separate Postverwaltung. Nach der Gründung der beiden deutschen Staaten gingen aus diesen Institutionen die Deutsche Bundespost (DBP) in der BRD und die Deutsche Post (DP) in der DDR hervor. Bei beiden verlief die Entwicklung der Bahnpostwagen unterschiedlich. Mit der Vereinigung der beiden deutschen Staaten übernahm die DBP auch den Bpw-Park der DP. Im Jahre 1995 wurde die Deutsche Post AG (DP AG) gegründet. Als private Nachfolgerin der DBP übernahm sie den noch vorhandenen Wagenpark. Darüber hinaus übernahm sie die internationale Kennzeichnung der Wagen nach UIC und die nationale der DBP. Den kurzen Beschreibungen der einzelnen Bauarten sind Vorbemerkungen zur Kennzeichnung der Wagen vorangestellt, um einen Einblick in die Systematik zu vermitteln. Die Beschreibungen sind nach Heimat-PV und aufsteigender Wagennummer (bis 1967) sortiert. Für die Beschaffungen danach wurden die PINT-Nummer der DBP und die Bauartnummer der DP verwendet. Weiterhin sind in den Kopfzeilen das letzte Gattungszeichen (fett) und meistens das ursprüngliche (in Klammer) angegeben. In den technischen Daten werden für die Bauart der Bremse und der Heizung die Anschriften an den Wagen verwendet. Nachdem sich die Vorstände der Deutschen Post AG und der Deutschen Bahn AG verständigten, ab 1. Juni 1997 planmäßig kein Postgut mehr mit Bahnpostwagen zu befördern, gingen sowohl eine post- als auch eine eisenbahngeschichtliche Epoche zu Ende. Die wagenbauliche endete bereits mit der letzten Lieferung von Neubaufahrzeugen im Jahre 1990. Nach der Einstellung des Bahnpostdienstes löste man den Park der Bahnpostwagen auf. Nicht alle Wagen wurden verschrottet. Einige blieben als solche erhalten, andere baute man für unterschiedliche Nutzungen um. Am 15. Juli 1999 schlossen die damalige DB Cargo (später: DB Schenker Rail) und die Danzas Euronet (heute: DHL) einen Vertrag zur Einrichtung schneller Postzüge. Am 11. Januar 2000 gingen dann vereinbarte Verbindungen zwischen Hamburg und München mit Kurswagen ab Würzburg nach Kornwestheim bei Stuttgart und Nürnberg in Betrieb. Diese Züge (Parcel Intercity) wurden jedoch aus bahneigenen Containertragwagen gebildet und waren mit den früheren Postzügen nicht gleichzusetzen. Als Transportgefäße dienten von Anfang an ISO-Container und Wechselbehälter. Am 17. März 2000 eröffnete der damalige Bundespräsident in Berlin das *Museum für Kommunikation*, das ehemalige Postmuseum. Hier bereitete eine Expertengruppe Archivgut über Bahnpostwagen zur Nachnutzung für Forschungszwecke auf.

An dieser Stelle sei allen denen gedankt, die uns mit Zuarbeiten, Informationen, Hinweisen und Bildmaterial wertvolle Unterstützung gaben. Besonders hervor zu heben ist Herr Klaus Kirsch (Bad Saarow). Wir danken auch denen, die uns auf sonstige Weise halfen. Wir hoffen, dass dieser Band freundlich aufgenommen wird.

Leipzig / Uelzen
Peter Wagner / Joachim Deppmeyer

INHALT

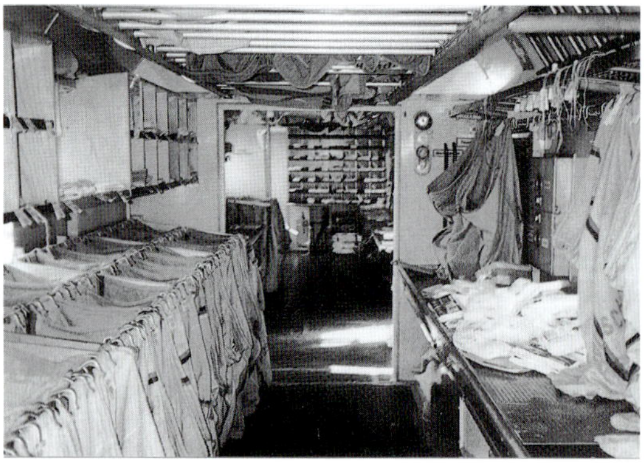

Bahnpostdienst - Dienst im Bahnpostwagen

Zum Verständnis der Zweckbestimmung von Bpw sei hier in Kürze einiges über den Dienst im Bpw gesagt. Durch die Entwicklung über Jahrzehnte, die durch die Erfahrungen und Traditionen der deutschen Postverwaltungen geprägt ist, gab es viele Unterschiede, die in diesem Rahmen aber nicht heraus gearbeitet werden können. Dennoch bestanden viele Übereinstimmungen und Gemeinsamkeiten.

Eine Bahnpost war die im Bpw arbeitende Postdienststelle. Ihre Identität ergab sich aus dem Datum, der Zugnummer sowie ihrem Anfangs- und Endort. Diese Angaben enthielt auch der Stempel, den die Bahnpost führte. Die Zahl der Bahnpostbegleiter richtete sich nach den Bearbeitungsaufgaben und dem Sendungsanfall auf den Streckenabschnitten einer Bahnpost. So waren früher auf bestimmten Strecken 20 und mehr Kräfte im Wagen tätig, wie Briefverteiler (darunter der Dienstleiter), Langbriefverteiler, Wert- und Einschreibbearbeiter (Fahrpost), Aussacker (Verwerfer), Paketverteiler, Ladehilfen sowie Hilfskräfte für einzelne Arbeitsplätze. Bei kameradschaftlicher Zusammenarbeit ging es um hohes Arbeitstempo, Pünktlichkeit, Exaktheit, Zuverlässigkeit und Umsicht. Weiterhin waren gute geografische Kenntnisse und Kenntnis des Bahnpostnetzes, der Anschlussfahrpläne sowie selbstständiges Handeln, Wendigkeit und Entschlossenheit gefragt.

Je nach Art der Bahnpost wurden mit einer Ladeliste Briefbunde, Wert- und Einschreibsendungen, Päckchen jeweils in besonderen Beuteln (Postsäcke) sowie Pakete lose übernommen. Briefbeutel für bestimmte Zielorte wurden für den späteren Ladungsaustausch gelagert. Briefbeutel jedoch, die für diese Bahnpost bestimmt waren, hatte der Aussacker (Verwerfer) zu öffnen und über der Aussackplatte zu leeren. Die Briefbunde wurden an die Verteilerarbeitsplätze weitergegeben. Jedes Verteilfachwerk war vor Fahrtbeginn von den Verteilkräften für unterschiedliche Programme vorbereitet worden, die während der Fahrt jedoch Veränderungen unterlagen. Dort wurden die Briefbunde geöffnet und die Briefe nach Orten, Bereichen oder für Anschlussbahnposten verteilt. Diese wurden dann wieder für jede Richtung in neuen Briefbunden zusammengefasst, mit einem Vorbindezettel versehen, der den Stempel dieser Bahnpost und die Zielangaben enthielt. Die Briefbunde gelangten wieder zum Aussacker (Verwerfer), der sie in die nach Zielorten oder Anschlussbahnposten gekennzeichneten Beutel warf. Diese waren gegenüber der Aussackplatte in Beutelspannvorrichtungen so aufgehängt, dass ihre Öffnungen das Hineinwerfen der Bunde aus einiger Entfernung zuließen. Kurz vor dem Erreichen eines Austauschortes rief man die letzten Briefbunde ab, sodann wurden die entsprechenden Beutel geschlossen, mit einer Beutelfahne versehen, die die Angaben der Art der darin enthaltenen Sendungen, den Zielort und den Stempel dieser Bahnpost trug. Briefbeutel, Päckchenbeutel, Pakete und evtl. Zeitungsbunde wurden zur Vorbereitung des bevorstehenden Ladungsaustausches bei den

Ladetüren gelagert. Es war festgelegt, an welcher Ladetür welche Sendungsarten auszutauschen waren.

Zum Anlegen stabiler Stapel von losen Paketen und Beuteln für unterschiedliche Austauschorte waren die Stapelwände neben den Ladetüren und die Packbretter vorhanden. Die Paket- und Zeitungskeller stellten immer eine gewisse Gefahr dar und sollten nicht während der Fahrt geöffnet werden. In ihnen wurden vorrangig vom Anfangs- bis zum Endort der Bahnpost durchlaufende Pakete und Zeitungsbunde verstaut. Für das Ein- und Ausladen der RBeh benutzte die DP besonders hergerichtete Gabelstapler. Einen Ladungsaustausch mit RBeh auf Unterwegsbahnhöfen gab es nur in den Anfangsjahren des RBehV. Danach wurden RBeh nur noch im sog. End-End-Verkehr befördert. Für die großen Bahnposten wurden die Gattungen a und bl (DBP später b und al) vorgehalten, die über entsprechend große Räume und damit über die erforderliche Anzahl an zweckmäßig ausgestatteten Arbeitsplätzen verfügten. Die kleinste begleitete Bahnpost war die Ein-Mann-Bahnpost.

Äußerlich waren die Bpw auf beiden Seiten zu kennzeichnen mit dem Wagenumlaufschild und beim Briefkasten mit dem Streckenschild (Post nach ....). In Wagen der DP musste im Behälterladeraum der Ladeplan angebracht sein. Zu den losen Ausstattungsgegenständen zählten: 2 Signalfahnen (gelbe Flagge), Handfeuerlöscher, Handbeil, Brechstange, Trittleiter, Feldstuhl, Notleiter, Wasserkannen, Wasserflasche mit Trinkwasser, Sicherheitsaschenbecher, Kohlenkasten und Schürgerät für Kohlenofen sowie Streckenschilder für den gesamten Wagenumlauf. Daneben wurden als Verbrauchsmaterial mitgeführt: leere Beutel, Bindfaden, Plomben, Plombenschnur, Bundschließen, Beutelschließen, Wert- und Einschreibbundtaschen u.a. In einem für jede Bahnpost besonderen Behälter wurden vor Fahrtantritt zugeführt: Streckenstempel mit Zubehör, Plombierzange, Briefbeutelmesser, Schreibunterlage, Anfeuchter, Leitbehelfe, Verbandskasten. Trotz prinzipieller Übereinstimmung gab es historisch gewachsene territoriale Unterschiede im Umfang, der Ausstattung, in der Bezeichnung der Gerätschaften sowie in der Handhabung.

Gleiches traf auch für die Bezeichnung der Wagen und ihrer Baugruppen zu, z. B. sind für den Paketbahnpostwagen weitere Begriffe gebräuchlich: Bahnpostpackwagen, Päckerei-Bpw, Päckereiwagen, Paketpostwagen, oder für den Generator auch Lichtmaschine und Dynamo.

Historischer Abriss

Nach dem Ende des Zweiten Weltkrieges im Jahr 1945 regierten in Deutschland die Alliierten Besatzungsmächte. Ihre Kommandantur in Berlin genehmigte die Aufnahme des Briefverkehrs für Privatpersonen ab 2. August desselben Jahres. Gleichzeitig vereinbarten die Regierungschefs von Großbritannien, der Sowjetunion und den Vereinigten Staaten von Amerika Deutschland als wirtschaftliche Einheit zu behandeln und u. a. das Post- und Nachrichtenwesen zentral verwalten zu lassen. Am 8. September 1945 wurde in der sowjetischen Besatzungszone die Deutsche Post gegründet. Der Zeitungsvertrieb und der Paketverkehr folgten erst in den nächsten Jahren. Die weitere Politik der Besatzungsmächte brachte auch verschiedene Entwicklungen der Post in

ihren Besatzungszonen und damit unterschiedliche Trends in der Nutzung und Gestaltung der Bahnpostwagen. Die Gründungen zweier deutscher Staaten in der Folgezeit bewirkten auch die Einrichtung entsprechender Postverwaltungen, der Deutschen Bundespost und der Deutschen Post. Die verschiedenen Entwicklungsrichtungen wurden beibehalten.
Im Jahr 1990 kam es zum Anschluss der DDR an die BRD auf der Grundlage des Artikels 23 des Grundgesetzes. Damit wurde die DP in die DBP eingegliedert. Aus der DBP ging am 1. Januar 1995 über die Postreformen I und II die Deutsche Post AG hervor. Als ein Dienstleistungsunternehmen für Kommunikation, Transport und Logistik sollte sie national und international insbesondere Leistungen des Postwesens erbringen.
Bereits am 5. August 1994 unterzeichneten die Vorstandsvorsitzenden der Deutschen Bundespost POSTDIENST und der Deutschen Bahn AG einen Kooperationsvertrag mit dem Ziel, Frachtpost soweit wie möglich auf der Schiene zu befördern. Allerdings wurden sämtliche Verträge mit der Bahn zum 31. Mai 1997 gekündigt, so dass ab 1. Juni desselben Jahres in Deutschland keine planmäßige Beförderung mehr von Postgut mit Bahnpostwagen erfolgte.

Kennzeichnung der Fahrzeuge

Seit 1852 wurden die Bahnpostwagen in Preußen fortlaufend nummeriert. Dieses System führte die Deutsche Reichspost weiter. Die Wagennummern bestanden aus einer bis fünf Ziffern. Rechts daneben war die Kurzform der Reichsbahndirektion angeschrieben, in der der Wagen beheimatet war. Darüber hinaus trugen die Wagen ein Gattungszeichen, das sich aus einem Eisenbahn- und einem Postteil zusammensetzte, z. B.: Post 4üe-bII/21,6. Beide Teile verband ein Bindestrich. Die Buchstaben und Ziffern des Eisenbahnteils entsprachen den gültigen Dienstvorschriften der DRG, die die Wagen einstellte. Es bedeuteten:

- Post das Hauptgattungszeichen für Bahnpostwagen
- 4 die Anzahl der Radsätze (Achszahl), wobei die »2« nicht angeschrieben wurde
- ü, e Nebengattungszeichen, die technische Besonderheiten des Wagens charakterisierten, wie
  - ü Stirnwandübergänge mit Übergangsbrücken und Faltenbälgen
  - e elektrische Heizung.

Der Postteil des Gattungszeichens bestand ebenfalls aus zwei Teilen, die durch einen Schrägstrich miteinander verbunden waren. Der erste Teil enthielt einen kleinen Buchstaben und ggf. eine römische Ziffer. Dabei bedeutete:

- a Wageninneres nur als Briefraum eingerichtet; Unterteilung durch Zwischenwände mit Türen war möglich
- b kleiner Briefraum, großer Packraum
- bI großer Briefraum, kleiner Packraum
- bII zwei Packräume, dazwischen ein Briefraum
- c zwei Packräume, dazwischen ein Paketverteilraum.

Der zweite Teil war eine Zahl, teilweise mit einer Stelle nach dem Komma. Sie entsprach der gerundeten Länge des Wagenkastens in Metern, z. B. 8,5; 17; 21,6.
Darüber hinaus waren die Eigenmasse und die Tragfähigkeit des Wagens, Bremskräfte sowie Abkürzungen der Brems- und der Heizungsbauart angeschrieben.
Die Gründung der Deutschen Bundespost und der Deutschen Post nach 1945 führte zu unterschiedlichen Entwicklungen der Bpw. Diese wirkten sich auch auf die Fortführung der Kennzeichnung der Fahrzeuge aus.

Deutsche Bundespost

Anfangs behielt sie das System der Kennzeichnung der Bahnpostwagen bei und führte es fort. Als letzte vierstellige Wagennummer vergab sie die 6418.
Bpw älterer Bauart erhielten gelegentlich durch Umnummerierung Wagennummern bereits frü-

her ausgemusterter Fahrzeuge oder eine Vornull nach 40 Betriebsjahren.

Außer den bisherigen Haupt- und Nebengattungszeichen verwendete die DB weitere, die auch für Bahnpostwagen zutrafen:

g Wagen mit geschlossenen Stirnwandübergängen und Gummiwulstabdichtung
e elektrische Zugheizung
(e) elektrische Hauptheizleitung
m Länge über Puffer größer als 24 m
f Steuerabteil(e) für Wendezugbetrieb
r Hochleistungsbremse mit automatischer Lastabbremsung
z zentrale Energieversorgung über die elektrische Hauptheizleitung (Zugsammelschiene)
h wie »z« und zusätzlichen Achsgeneratoren
ep elektropneumatische Bremssteuerung.

Der Postteil des Gattungszeichens wurde noch durch eine Buchstabenkombination ergänzt:

bc wahlweiser Einsatz als b- oder c-Wagen.

Ab November 1959 trat eine Veränderung in Anlehnung an die Artbezeichnung der Bahnpostwagen ein. Es galten nunmehr:

a (vorher b) für Allesbahnpostwagen
ap (vorher bc) mit zusammenklappbaren Briefverteilfachwerken
b (vorher a) für Briefbahnpostwagen
p (vorher c) für Paketbahnpostwagen
t (vorher c) für Transportbahnpostwagen.

Mit der Baureihe 1962 der Bahnpostwagen führte die Postverwaltung auch ein neues Prinzip zur Nummerierung dieser Fahrzeuge ein. Die nunmehr fünfstellige Wagennummer bestand aus einer zwei- und einer dreistelligen Zifferngruppe, z. B. 62 201.

Dabei bedeuteten:

62 die Jahreszahl der Baureihe (1962)
2 Kennziffer der Wagengattung
  1 a (a-Bpw)
  2 b (b-Bpw)
  3 p (p-Bpw)
  4 ap
  8 t (t-Bpw)
01 der erste Wagen der Bestellung.

Diese Systematik wurde nach Einführung der Wagenkennzeichnung des Internationalen Eisenbahn-Verbandes UIC postintern weitergeführt und zusätzlich an den Fahrzeugen angeschrieben.

Ab 1. Oktober 1966 galt für die DB und bei ihr eingestellte nicht bahneigene Reisezugwagen die 12-stellige Wagenkennzeichnung nach UIC-Merkblatt 438-1 als verbindlich, so auch für die Bahnpostwagen der Deutschen Bundespost, da sie Eigentum der PV waren.

Diese Wkz setzte sich aus mehreren Zahlengruppen zusammen, die folgende Bedeutung hatten:

50 80 00-43 424-3

Austauschmerkmal (50)
Eigentumsmerkmal (80)
Wagengattung (00-43)
Wagennummer (424)
Selbstkontrollziffer (3)

(Für die übrigen Reisezugwagen ist diese Gliederung noch gültig).

Die Bpw für den internationalen Verkehr mussten bis zum Fahrplanwechsel im Mai 1969 und die des Binnenverkehrs bis zum 31. Oktober 1970 umbeschriftet sein. Nicht einbezogen wurden die zweiachsigen Wagen mit Kastenlängen bis 10,8 m und 12 bis 12,9 m, die dreiachsigen und die vierachsigen bis 17 m.

Im Einzelnen waren für Bpw der DBP nachstehende Ziffernkombinationen möglich:

Austauschmerkmal:
50 -nur für Inlandsverkehr
51 -für internat. Verkehr

Eigentumsmerkmal:
80 -bei DB eingestellter nicht bahneigener Wagen

Wagengattung:

5. und 6. Ziffer:
00 -Bauartmerkmal für Bpw

7. und 8. Ziffer:
10 -4achs. Bpw, Hg 120 km/h, Dhz- und ElHz ~1000 V, 16 2/3 Hz, ~1000 V 50 Hz, -1500 V und -3000 V
11 -2achs. Bpw mit Dhz und ElHz ~1000 V, 16 2/3 Hz, Hg z. F. bis 120 km/h
12 -4achs. Bpw bis 22,2 m Wagenkastenlänge, Hg 120 km/h, Dhz und ElHz ~1000 V, 16 2/3 Hz

13 -4achs. Bpw, mit 26 m Wagenkastenlänge, Hg 120 km/h, Dhz und ElHz ~1000 V, 16 2/3 Hz
16 -4achs. Bpw, Hg 120 km/h, Dhz und ElHz ~ 1000 V, 16 2/3 Hz und -1500 V
21 -2achs. Bpw nur mit Dhz, Hg z. F. bis 120 km/h
40 -4achs. Bpw mit 26 m Wagenkastenlänge, Hg 140 km/h, Dhz und ElHz ~1000 V, 16 2/3 Hz, -1500 V und -3000 V
43 -4achs. Bpw mit 26 m Wagenkastenlänge, Hg 140 km/h, Dhz und ElHz ~1000 V 16 2/3 Hz
46 -4achs. Bpw mit 26 m Wagenkastenlänge, Hg 140 km/h, Dhz und ElHz ~1000 V, 16 2/3 Hz, und -1500 V
59 -4achs. Bpw mit 26 m Wagenkastenlänge, Hg 140 km/h, Dhz und ElHz ~1000 V, 16 2/3 Hz und -3000 V

Im März 1982 kamen weitere Zahlen hinzu:

01 -2achs. Bpw (in Güterwagenbauart Gos) ohne Heizung und Heizleitungen, Hg bis 100 km/h
03 -2achs. Bpw mit ElHzl ~1000 V, 16 2/3 Hz, Hg bis 120 km/h
30 -4achs. Bpw mit 26 m Wagenkastenlänge, Hg bis 140 km/h, ElHz ~ 1000 V, 16 2/3 Hz, -1500 V und -3000 V
33 -4achs. Bpw mit 26 m Wagenkastenlänge, und Hg bis 140 km/h, ElHz ~1000 V, 16 2/3 Hz
35 -
36 -4achs. Bpw mit 26 m Wagenkastenlänge, Hg bis 140 km/h, ElHz ~1000 V, 16 2/3 Hz und -1500 V
39 -4achs. Bpw mit 26 m Wagenkastenlänge, Hg bis 140 km/h, ElHz ~1000 V, 16 2/3 Hz und -3000 V
95 -4achs. Bpw mit 26 m Wagenkastenlänge, Hg bis 200 km/h, ElHz ~1000 V, 16 2/3 Hz

Als Besonderheit galt:

00 -2achs. Schiebewandwagen, Eigentümer Fa. Transwaggon Hamburg, von der DBP gemietet, jedoch mit einer Wagennummer nach dem System wie für posteigene Bpw; Hg 120 km/h, ElHz (ElHzl) ~1000 V, 16 2/3 Hz mit Wagennummer nach dem System wie für posteigene Bpw (100 Schiebewandwagen des Typs Hbiqss mit der Nummernfolge 50 80 00-00 800-5 bis 50 80 00-00 899-7) Wagennummer:

001...599 a-Wagen
400...599 ap-Wagen bei 26 m-Wagen
600...799 t-Wg. (2achs.); b-Wg. (4-achsig)
800...999 p-Wagen

Selbstkontrollziffer:
0...9 gemäß besonderem Berechnungsverfahren.

In diesem Zusammenhang änderte sich im Gattungszeichen die Anschrift der Achszahl:

	bisher	danach
2-achsiger Bpw	-a/...	2-a/...
3-achsiger Bpw	3-a/...	3-a/...
4-achsiger Bpw	4(m)-a/...	-(m)-a/...

Gleichzeitig entfielen in der Anschrift die Unterscheidung zwischen al und all bei Wagen bis 22,2 m Kastenlänge und die Kommastelle der Maßangabe.

Nach der Übernahme der Bpw der DP gliederte man diese in das bestehende Nummernsystem ein. In diesem Zusammenhang erhielten die Wagen auch eine PINT-Nummer.

Deutsche Post

Bis zum Jahre 1966 verwendete die DP das Nummernsystem der DRP weiter, jedoch wurde mit den Neubauten 1956 und 1957 und ab 1962 mit den Reko-Bauarten begonnen, die Wagengattungen in Nummerngruppen zusammenzufassen. Dabei wurden Lücken in den Nummernreihen hingenommen.

Wagennummernbereiche (bis 1966)

Fortlaufende Nummern (DRP-Nr.)	39...5400
Post 4e-bl/24,7 (Neubau 1956)	5901
Post 4e-b/15 (Neubauten 1957)	6501–6505
Post 3-cl/12,8; PT Reko 61	8001–8159
Post 4-bll/20,8; DT Reko 62	8501–8511
Post 4-bll/21,1; DP Reko 64	8531–8535
Post 4-bll/24,2 DT 66	6601

Daneben gab es Wagen fremder Bauarten, die im Ergebnis des Zweiten Weltkrieges zur DP gelangten. Sie behielten ihre zumeist fünfstelligen Wagennummern, da es keine Kollisionen mit dem von der DRP überlieferten Nummernsystem gab.

Gattungszeichen

Die DP verwendete die vereinigten Eisenbahn-Postgattungszeichen der DRP zunächst weiter. Für das Eisenbahngattungszeichen galt die Personenwagenvorschrift. Von den Eisenbahn-Nebengattungszeichen entfiel mit dem Ausbau der Übergangseinrichtungen ab 1957 das ü. Es verblieb nur das e für die Wagen mit elektrischer Heizung.

Die Postgattungszeichen unterlagen geringfügigen Veränderungen, die durch Wagenumbauten bedingt waren und jeweils durch das MPF verfügt wurden. Dazu gehörten:

- c Großer Packraum / Laderaum mit Begleiterabteil
- cl Großer Packraum / Laderaum
- d zwei Laderäume, Briefraum in der Mitte, lässt sich durch bewegliche Einrichtungen zu einem Begleiterabteil verkleinern.

Im innerbetrieblichen Schriftwechsel wurde zeitweilig das Gattungszeichen durch die Buchstaben M (für RBehV hergerichtet) und S (Wagen hat Ladeschiebetüren) erweitert. In Abstimmung mit der DR wurde ab 1962 das vereinigte Eisenbahn-Postgattungszeichen in Wagenmitte unter dem Posthorn am Langträger angeschrieben. Später befand es sich in der linken unteren Ecke der Seitenwand.

Im Jahr 1986 war durch Ausmusterung alter Wagen der Bestand an Gattungen so dezimiert, dass das MPF eine Vereinfachung der Gattungsbezeichnungen verfügte. Von da an galten folgende Gattungsbezeichnungen:

- a - ganzer Wagen ist Briefraum (Anwendung nur noch bei einem Museumsbahnpostwagen)
- b - Bahnpostwagen verfügt über Briefraum und Laderaum
- c - nur Laderaum
- t - Containertragwagen.

Alle anderen bisher gültigen Gattungszeichen entfielen. Gleichzeitig entfiel auch die Bauartbezeich-nung. Die beiden letzten Ziffern der Jahreszahl der Indienststellung des ersten Wagens wurden mit einem Bindestrich am Ende der Gattungsbezeichnung angefügt (siehe auch unter Bauart der Bahnpostwagen; Beispiele).

Bauart der Bahnpostwagen

Die Bauartbezeichnung der Bahnpostwagen wurde bei der Planung des Wageneinsatzes, für den operativen Wageneinsatz sowie bei der Planung und Produktionsvorbereitung der Instandhaltung benötigt. Den Begriff Bauart definierte die DP folgendermaßen: »Die Bauart kennzeichnet Gruppen von Bahnpostwagen nach gemeinsamen Merkmalen«.

Zu diesen Merkmalen zählen:

- die Gestaltung des Wagens (sie wird von betrieblichen und ökonomischen Fakto-
ren beeinflusst, z. B. von dem Verwendungszweck, der Kastenlänge und der Tragfähigkeit; als
Verwendungszweck gilt der vorwiegende Einsatz in Personen- oder Schnellzügen),
- konstruktive Lösungen (das technische Niveau hängt vom Baujahr des Wagens ab,
z. B. Niet- oder Schweißkonstruktion; das verwendete Material des Wagenkastengerippes,
z. B. Holz oder Stahl; verschiedene Lösungen für gleichartige Bauteile, z. B. Untergestelle mit
einfachen oder doppelten Langträgern),
- das äußere Bild des Wagens (die Dachform, z. B. Flach- oder Tonnendach; das Profil des Wagenkastens, z. B. abgeschrägte oder eingezogene Wagenenden).
Wagen, die nach derselben technischen Dokumentation gefertigt sind, gehören zu einer Bau-
art. Die Bauarten werden durch verschiedene Haupt- und Nebenzeichen charakterisiert.

Hauptzeichen

- G Güterwagenbauart; zwei- und dreiachsige Bahnpostwagen mit außen liegendem Wagenkastengerippe aus Stahl sowie hölzernen Seiten- und Stirnwänden
- P Personenwagenbauart; zwei-, drei- und vierachsige Bahnpostwagen, die im Grundaufbau den Personenwagen der DR entsprechen sowie alte Wagen der Schnellzugwagenbauart

D Schnellzugwagenbauart; vierachsige Bahnpostwagen, die im Grundaufbau den Schnellzug wagen der DR entsprechen oder vorwiegend für den Einsatz in Schnellzügen vorgesehen sind

S Sonderbauart; zwei-, drei- und vierachsige Bahnpostwagen geringer Stückzahl, die wegen ihrer Besonderheiten keiner anderen Bauartgruppe zugeordnet werden können, sowie Wagen ausländischer Bauarten

Nebenzeichen

F Flachdach

O Oberlichtdach

T Tonnendach

g Güterwagenlaufwerk; Laufwerke mit Laschengehänge oder Doppelschakengehänge

k Wagen, bei dem beide Enden im Bereich der Einstiegtüren gegenüber den Seitenwänden eingerückt sind

z Wagen, bei dem beide Enden abgeschrägt sind

w windschnittige Bauart; Seitenwandbleche sind als Windleitbleche über die Stirnwände hinaus verlängert

h Holzbauart; wichtige tragende Teile des Wagens bestehen aus Holz, z. B. hölzernes Untergestell oder hölzernes Wagenkastengerippe

Wagen, die von der DP beschafft worden sind, erhalten hinter dem Haupt- und Nebenzeichen die letzten beiden Ziffern des ersten Beschaffungsjahres. Bei rekonstruierten Fahrzeugen wird zwischen diesen beiden Angaben das Kurzwort »Reko« eingefügt.

Besonderheiten

Im Allgemeinen bezieht sich das Bauartzeichen auf den ursprünglichen Zustand des Wagens. Umbaumaßnahmen, wie neuer Aufbau des Wagenkastens, äußere Beblechung, Erneuerung des Daches, Umbau der Laufwerke u.a., führten zu neuen Wagenbauarten. Hatten die Veränderungen jedoch keinen Einfluss auf die Verwendung der Bahnpostwagen, so blieben sie im Bauartzeichen unberücksichtigt. Bahnpostwagen, die ursprünglich einen Oberlichtaufbau hatten, behielten auch nach dessen Ersatz durch ein Tonnendach das Hauptzeichen O. Bahnpostwagen der Sonderbauart mit einer gemeinsamen Kastenlänge erhalten auch bei Bauart-Unterschieden ein einheitliches Bauartzeichen, denn es wurden nur die Haupt- und Nebenzeichen angegeben, die für alle Wagen zutreffen.

Beispiele:

GFg Güterwagenbauart, Flachdach, Güterwagenlaufwerk (Post aa-cl/8,5)

GO Güterwagenbauart, Oberlichtdach, (Personenwagenlaufwerk; Post aa-cl/8,5; Post a-cl/10; Post a-cl/12,5)

POh Personenwagenbauart, Oberlichtdach, Holzgerippe (Post aa-cl/8,5; Post aa-b/10; Post aa-c/10; Post a-cl12; Post -b/17; usw.)

DOk Schnellzugwagenbauart, Oberlichtdach, eingerückte Einstiegtüren an den Wagenenden (Post -b/20)

DTw 57 Schnellzugwagenbauart, Tonnendach, windschnittig, erstes Baujahr 1957 (Post -b/15)

DT Reko 62 Schnellzugwagenbauart, Tonnendach, rekonstruierte Wagen, erstes Jahr der Rekonstruktion 1962 (Post -bII/20,8; Reko Gotha)

SDTw 56 Sonderbauart, Schnellzugwagenbauart, Tonnendach, windschnittig, erstes Baujahr 1956 (Post -bl/24,7).

Im Jahr 1986 verfügte das MPF eine Veränderung der Gattungsbezeichnungen für Bahnpostwagen sowie den Wegfall der Bauartbezeichnungen. Nachdem alle Wagen der Holzbauart seit 1970 ausgemustert waren und sich nur noch Stahlwagen mit Tonnendächern (Ausnahme: Containertragwagen) im Bestand befanden, gab es aus betrieblicher Sicht keinen Grund mehr für eine solche Differenzierung. Erhalten blieben nur die letzten beiden Ziffern der Jahreszahl der Indienststellung des ersten Wagens der Bauart. Diese wurden nun mit einem Bindestrich am Ende der Gattungsbezeichnung angefügt.

Beispiele:

Post a-c/12,8-61

Post aa-t/12,8-70

Post -t/18,7-77

Post -b/21,1-64

Post me-b/24,2-77

Einführung der 12-stelligen UIC-Wagennummern

Die DP nutzte die Einführung des international vereinheitlichten Nummernsystems der UIC im

Jahr 1967, um ihren Wagenpark in Gruppen nach Gattungen und Bauarten zu ordnen. Der grundsätzliche Aufbau der zwölfstelligen UIC-Wagennummer ist schon im Teil DBP erläutert worden. Die Bpw der DP waren Eigentum der PV. Sie trugen deshalb als nichtbahneigene Wagen auch das Eigentumsmerkmal der DR (50).

Austauschmerkmal:

50 Wagen für den Binnenverkehr

51 Wagen für den RIC- und PPW-Verkehr

57 Wagen für den PPW-Verkehr.

Eigentumsmerkmal:

50 Deutsche Reichbahn; Deutsche Post

Wagengattung:

5. und 6.Ziffer:

00 -nicht verwaltungseigene Bahnpostwagen

09 -nicht verwaltungseigene Pullmann- oder Sonderwagen

90 -verwaltungseigene Bahnpostwagen

Auf der Grundlage einer Vereinbarung stellte die DR der DP die Zifferngruppen 09 und 90 zur Benutzung für Bahnpostwagen des Binnenverkehrs zur Verfügung. Die DP verschlüsselte wie folgt:

09 -zweiachsige Bahnpostwagen

90 -dreiachsige Bahnpostwagen

Als durch serienweise Ausmusterung bei der Zif ferngruppe 00 genügend freie Ordnungsnummernbereiche unbesetzt waren, vergab die DP die 00 im Jahr 1987 für zweiachsige Bpw der Güterwagenbauart.

7. und 8. Ziffer:

Die DP nutzte die Möglichkeit, unterschiedliche Schlüsselnummern für die betrieblichen Merkmale mit gleicher Bedeutung gemäß UIC nach innerbetrieblichen Bedürfnissen zu differenzieren. So konnten Zifferngruppen für Wagen mit den nach UIC nicht verschlüsselten autonomen Heizsystemen (Feuerluftofen, Ölheizung) definiert werden.

03 -Hg 120 km/h, ElHz, ~1000 V, 16 2/3 Hz

10 -Hg 120 km/h, Dhz und ElHz, ~1000V, 50 Hz; =3000 V

11 -Hg 120 km/h; Dhz und ElHz, ~1000 V, 16 2/3 Hz

12 -Hg 120 km/h; Feuerluftofen, Dhz und ElHz, ~1000 V, 16 2/3 Hz

13 -Hg 120 km/h; Dhz, ElHz und Lhzö, ~1000 V, 16 2/3 Hz

15 -Hg 120 km/h; Dhz und ElHz, ~1000 V, 50 Hz

20 -Dhz

23 -Dhz, Lhzö

29 -Zweiachsige Wagen der Bauart GTg 72 und vierachsige Containertragwagen, Hg 100 km/h, ohne Dhz und ElHz

41 -Hg 140 km/h, Feuerluftofen, Dhz und ElHz, ~1000 V, 16 2/3 Hz

42 -Hg 140 km/h, Dhz, ElHz und Lhzö ~1500 V, 50 Hz; =3000 V

43 -Hg 140 km/h, ElHz und Lhzö ~1000 V, 16 2/3 Hz

80 Hg 160 km/h, Dhz, ElHz und Lhzö ~1500 V, 50 Hz; =3000 V

Für die Zugbildung war es nur von Bedeutung, ob ein Bahnpostwagen die erforderlichen Durchgangsleitungen besaß. In der Kennzahl wurde nicht differenziert nach Wagen mit Heizung oder solchen, die nur eine Durchgangsleitung (zwei- und dreiachsige Bpw, Wagen der Gattungen cl und l, sowie ein Teil der Wagen mit Lhzö) besaßen.

Wagennummern (Ordnungsnummern):

Die Gattungsnummer ist die 5. und 6. sowie 9.-11. Stelle der Nummer des ersten Wagens einer Gattung/Bauart.

Nebengattungszeichen:

Im Zusammenhang mit der Einführung der UIC-Wagennummern gab es bei den Eisenbahn-Nebengattungszeichen ab 1967 Veränderungen. Da für den internationalen Reisezugverkehr nur Drehgestellwagen vorgesehen waren, entfiel die Angabe der Achsenzahl hinter dem Hauptgattungszeichen. Die für den Binnenverkehr vorhandenen zwei- und dreiachsigen Reisezugwagen, einschließlich der Bahnpostwagen, kennzeichnete die DR mit Nebengattungszeichen, die auch die Bpw betrafen. Es bedeuteten:

a dreiachsiger Reisezugwagen

aa zweiachsiger Reisezugwagen

m Reisezugwagen mit einer Länge von mehr als 24 m.

In einer Übersicht wurden die Gattungsbezeichnungen der Bahnpostwagen den entsprechenden Raumaufteilungen gegenübergestellt (siehe Tabelle auf der nächsten Seite).

Nach der Zusammenführung der beiden Wagenparks im Jahr 1990 gliederte man die Wagen der DP in das Nummernsystem der DBP ein. In diesem Zusammenhang erhielten diese Bpw auch eine PINT-Nummer. Die Wagen blieben bis zur Fusion von DB und DR im Jahr 1994 bei der DR eingestellt.

Deutsche Post AG

Sie nutzte die Bahnpostwagen nur 3 Jahre und fünf Monate. Der Fahrplanwechsel am 30. Mai 1997 brachte das Aus für den Bahnpostdienst in Deutschland. Mit der Auflösung des Bpw-Parks entfiel das konkrete Kennzeichnungssystem.
Im Rahmen der UIC und des RIC besteht noch die Möglichkeit, Bahnpostwagen zu kennzeichnen.

Achszahl	Kastenlänge	Bauart	Gattung	Bauartnummer
2	12,8	GTg 88	cl	09 000
2	8,5	GFg	cl	09 050
		GO	cl	09 150
		PO	cl	09 250
2	10	PO	b	09 300
			cl	09 350
2	10,8	GTg	cl	09 450
2	12,5	PO	b	09 600
			c	09 650
			cl	09 660
2	12,8	Gg 70	t	09 700
3	10	GF	cl	90 350
		GO	cl	90 460

Gattungsbezeichnungen deutscher Bahnpostwagen (Raumaufteilung)

Nr.	Arbeits- und Laderäume	Bpw	KDP/DRP bis 1927	DRP ab 1928	DBP bis 1959	DBP ab 1959	DP (DDR)
1	Ganzer Wagen für Briefbearbeitung	2- und 3-achsig	a	a	-	-	-
2	Ganzer Wagen für Briefbearbeitung	4-achsig	a	a	a	b	a
3	Briefraum und Packraum etwa gleich groß	2- und 3-achsig	b	b	b	a	b
4	Kleiner Briefraum, großer Packraum	4-achsig	b	b	b	a	b
5	Großer Briefraum, kleiner Packraum	4-achsig	b	bI	bI	aI	bI
6	Zwei Packräume, Briefraum in der Mitte	4-achsig	b	bII	bII	aII	bII
7	Ganzer Wagen Packraum mit Begleiterabteil	2-, 3- und 4-achsig	c	c	c	p	c
8	Ganzer Wagen Laderaum ohne Begleiterabteil	2-achsig	c	c	-	t (ab1965)	cl
9	Ganzer Wagen Laderaum ohne Begleiterabteil	3-achsig	c	c	c	-	cl
10	Ganzer Wagen Laderaum ohne Begleiterabteil	4-achsig	-	-	-	-	cl
11	wie Nr. 2 mit zusammenlegb. Brieffachwerken	4-achsig	-	-	bc	ap	-
12	wie Nr. 5 mit verkleinerbarem Briefraum	4-achsig	-	-	-	-	d
13	Containertragwagen	2- und 4-achsig	-	-	-	t	t

Achszahl	Kastenlänge	Bauart	Gattung	Bauartnummer
3	12,5	PO	b	90 600
			c	90 650
			cl	90 660
3	12,5	GO	c	90 750
			cl	90 760
3	12,8	PT Reko 61	cl	90 800
4	15	DTw	b	00 000
			c	00 050
			cl	00 080
4	15	DTw 57	b	00 100
4	15	DT	b	00 120
		c		00 150
			cl	00 180

Achszahl	Kastenlänge	Bauart	Gattung	Bauartnummer
4	17	DOz	b	00 200
			c	00 250
4	20	DOz	b	00 300
			bl	00 310
			c	00 350
			d	00 370
2	12,8	GTg 72	cl	00 400-2
4	20	DOk	b	00 400
			bl	00 430
			bII	00 440
			c	00 450
			d	00 470
4	20,8	DT Reko 62	bII	00 500
	21,1	DT Reko 64	bII	00 530

Achszahl	Kastenlänge	Bauart	Gattung	Bauartnummer
4	26,1	54	c	00 540
		55	c	00 560
4	21,6	DTk	a	00 600
			b	00 610
4	21,6	DTk	bl	00 620
			bII	00 640
			c	00 670
4	21,6	DTw	a	00 700
			b	00 710
			bl	00 730
			bII	00 750
4	24,2	DT 77	bII	00 800
		DT 66	bII	00 900
4	18,7	Gg 77	t	00 950

DBP **Post 4-a/15** (Post 4-b/15) **1...419**

Diese Wagen waren bayerischer Bauart. Sie trugen ursprünglich entsprechende Wagennummern. Fahrzeuge mit dieser Wagenkastenlänge entstanden ab 1891. Die DRP reihte sie nach der Übernahme in ihr Nummernsystem ein. Während ihrer Baujahre wurden sie mehrfach verändert. Das belegen auch die Übersichtsblatt-Nummern. Von Anfang an erhielten diese Bpw einen Oberlichtaufbau zur besseren Beleuchtung der Innenräume sowie zur Be- und Entlüftung, der im Laufe der Zeit einige Änderungen erfuhr. Die ältesten übernommenen Wagen stammten aus dem Jahre 1891. Ihre Untergestelle aus Walzprofilen und Blechen trugen hölzerne Wagenkästen. Die äußeren Langträger verstärkte man durch Sprengwerke. Die Wagenkastengerippe waren außen mit Blech verkleidet. Das Wageninnere war nicht durch Zwischenwände unterteilt. Die Bearbeitung des Postgutes erfolgte am NHBrE. Die elektrische Beleuchtung löste ab 1903 die Gasglühlampen nach und nach ab. Zwischen 1929 und 1932 baute man 6 Fahrzeuge zu Päckereiwagen um und 1947 einen wieder zurück. Die Deutsche Post im Vereinigten Wirtschaftsgebiet (DP i. VW) übernahm 41 betriebsfähige Wagen, die sich in Einzelheiten unterschieden. 7 Fahrzeuge nutzte man zuletzt als Standwagen und den Bpw 290 als Materialwagen.

Wagen-Nr(n) (bis 1967):	**1...419**
Wagen-Nr(n) (ursprüngl.):	**14 551...15 500**
Postinterne Nr. (PINT-Nr.):	
Übersichtsblatt-Nr.:	**198, 200-202, 202a, 41 (6391), 88 (56877)**
Länge über Puffer:	**16 524 ...16 850 mm**
Länge des Wagenkastens:	**15 300 / 15 550 mm**
Höhe über SO:	**4 035 mm**
Drehzapfenabstand:	**10 300 mm**
Laufwerksbauart:	**bay. Drehgest.**
Drehgestellachsabstand:	**2 500 mm**
Höchstgeschwindigkeit:	
Bremse:	**Wsbr, H**
Heizung:	**Ohz, Dhz, (ElHz)**
Lüftung:	**Oberlichtaufbau**
Beleuchtung:	**Ggl, El B**
Eigenmasse:	**25,3...29,95 t**
Lastgrenze (Tragfähigkeit):	**8,0...12,0 t**
Anzahl der Briefräume:	**1**
Anz. der Briefverteilfächer:	
Anz. d. Grobverteilfächer:	
Anz. d. Beutelspannvorr.:	
Anz. d. Pack-/Laderäume:	**1**
Anzahl der Rollbehälterstellplätze:	
Baujahr(e):	**1891...1921**
Jahr(e) des Umbaus:	**1929...1932; 1947**
Ausmusterung:	**bis 1965**

DBP **Post 4-a/17** (Post 4-b/17) 3...411

Als eine weitere bayerische Bauart kamen diese Fahrzeuge in den Wagenpark. Von 1909 bis 1924 entstanden sie als reine Briefwagen, 1926 als Alles-Bpw. Das stählerne Untergestell trug einen Wagenkasten aus Holz, der außen mit Blech verkleidet war. Die äußeren Langträger wurden auch hier durch Sprengwerke versteift. Das Wageninnere war gegliedert in den Briefraum und zu jedem Wagenende hin in einen Schutzraum (heute: Knautschzone). Sie sollten bei einem etwaigen Eisenbahn-Unfall dem Postpersonal einen gewissen Schutz gewähren. Der Schutzraum am NHBrE enthielt den Abort, die Waschgelegenheit und Schränke. In den Jahren 1929 bis 1938 wurden einige Wagen umgebaut, einer noch im Jahr 1950. Die Inneneinrichtung einiger Wagen wurde bereits im Jahr 1933 so umgebaut, dass sie der Postgattung -bl/17 entsprach. Die Beleuchtung erfolgte immer mit Elektroenergie. Die ursprüngliche reine Batterieversorgung ersetzte man durch Generatoren. Neben den postalischen Umbauten passte man einige Fahrzeuge auch wagentechnisch moderneren Bedingungen an, so verlegte man z. B. die Handbremse auf eine offene Bremserbühne. Die DP i. VW übernahm 26 Wagen, die sich wiederum in Einzelheiten unterschieden. Als Standwagen nutzte man lediglich den Bpw 260.

Wagen-Nr(n) (bis 1967):	**3...411**
Wagen-Nr(n) (ursprüngl.):	**14 557...15 473**
Postinterne Nr. (PINT-Nr.):	
Übersichtsblatt-Nr.:	**205, 59, 61, 93, 97**
Länge über Puffer:	**18 700 mm**
Länge des Wagenkastens:	**17 000 mm**
Höhe über SO:	**4 132 mm**
Drehzapfenabstand:	**12 000 mm**
Laufwerksbauart:	**Regelbauart**
Drehgestellachsabstand:	**2 500 mm**
Höchstgeschwindigkeit:	
Bremse:	**Wsbr, H**
Heizung:	**Dhz, Ohz**
Lüftung:	**stat.**
Beleuchtung:	**El B**
Eigenmasse:	**33,1...33,5 t**
Lastgrenze (Tragfähigkeit):	**8,0 t**
Anzahl der Briefräume:	**1**
Anz. d. Briefverteilfächer:	
Anz. d. Grobverteilfächer:	
Anz. d. Beutelspannvorr.:	
Anz. d. Pack-/Laderäume:	**1**
Anzahl der Rollbehälterstellplätze:	
Baujahr(e):	**1909...1926**
Jahr(e) des Umbaus:	**1929...1950**
Ausmusterung:	**bis 1967**

DBP **Post -a/10** (Post -b/10) **10...369 (2332[II])**

Diese Bpw bayerischer Bauart beschaffte die Abteilung VI des RPM in München. Sie waren in genieteter Ganzstahlbauweise gefertigt. Das Dach des Wagenkastens trug keinen Oberlichtaufbau mehr. Die Seitenwände waren an der Unterseite eingezogen. Merkmale bayerischer Bpw waren, dass von den doppelflügeligen Ladetüren jeweils nur ein Flügel ein Fenster enthielt und der offene Bremserstand. Das Untergestell hatte unterschiedliche Überhänge. Da die Laufwerke als Lenkachsen ausgeführt waren, gelten diese Wagen als erste Ganzstahlbauart mit o. g. Achsbauart. Neu war auch die mehrlösige Bauart der Druckluftbremse. Brief- und Packraum waren nicht durch eine Zwischenwand getrennt. Der Briefraum befand sich am NHBrE. Die Briefverteilfächer waren an den Seitenwänden und an der Stirnwand angeordnet. Die Entlüftung des Innenraums erfolgte erstmals über sog. Luftsauger der Bauart Wendler. Die Elektroenergie erzeugte ein riemengetriebener Dynamo. Im 2. Weltkrieg schwer beschädigte Wagen wurden wieder aufgebaut. Bei einigen Wagen änderte man Einzelheiten der Inneneinrichtung. So hatte der Wagen 10 den Kleiderschrank neben dem Abort und die Wagen 13, 91 und 118 im Packraum, dafür eine größere Beutelspanne. Der Wagen 2332[II] war zuletzt Standwagen in Ffm.

Wagen-Nr(n) (bis 1967):	**10...369 (2332[II])**
Wagen-Nr(n) (ursprüngl.):	**14 593...14 632**
Postinterne Nr. (PINT-Nr.):	
Übersichtsblatt-Nr.	**(18 054[4]) Bl. 17**
Länge über Puffer:	**11 880 mm**
Länge des Wagenkastens:	**10 000 mm**
Höhe über SO:	**3 066 mm**
Endachsabstand:	**7 000 mm**
Laufwerksbauart:	**VLA**
Höchstgeschwindigkeit:	
Bremse:	**Kkbr, H**
Heizung:	**Dhz, Ohz**
Lüftung:	**stat.; BA Wendler**
Beleuchtung:	**El B**
Eigenmasse:	**17,5 t**
Lastgrenze (Tragfähigkeit):	**6,0 t**
Anzahl der Briefräume:	**1**
Anz. d. Briefverteilfächer:	
Anz. d. Grobverteilfächer:	
Anz. d. Beutelspannvorr.:	
Anz. d. Pack-/Laderäume:	**1**
Anzahl der Rollbehälterstellplätze:	
Baujahr(e):	**1926–1927**
Jahr(e) des Umbaus:	
Ausmusterung:	**bis 1969**

DBP **Post 2-p/10,8** (Post -c/10,8) **19...4336**

Mitte der 20er-Jahre wurde Butter in Paketen von Schleswig-Holstein aus versandt. Dazu beschaffte die DRP geeignete Fahrzeuge. Die Gruppenverwaltung Bayern der DRG bestellte auch zehn Postkühlwagen für den Butter- und Käsetransport. Die OPD Stuttgart der württembergischen PV verfügte gleichfalls über 17 Fahrzeuge, von denen zwei sogar zeitweilig dreiachsig waren (4259, 4260). Von diesen Bauarten übernahm die DBP einige Fahrzeuge. Da es ihren ursprünglichen Verwendungszweck nicht mehr gab, erhielten die Hansa Waggonbau GmbH in Bremen und die Maschinenfabrik Esslingen den Auftrag für ein Projekt zum Umbau derselben. Die Bauart des Wagenkastens behielt man zwar bei, die Seitenwände erhielten nunmehr zwei doppelflügelige Ladetüren. Der Begleiterraum wurde zum Einstieg- und Arbeitsraum umgebaut. Durch eine Schiebetür gelangte man in den Packraum. Die neue Inneneinrichtung ermöglichte die Begleitung der Postsendungen und deren Austausch auf Unterwegsbahnhöfen. Dazu gehörten Zeitungskästen, Packbretter, eine Beutelspanne, aber auch ein Abort, ein Ofen und ein Kleiderschrank, darunter ein Kohlenkasten. Bei vier Wagen ersetzte man die bisherigen Laufwerke durch solche der Bauart Rathgeber.

Wagen-Nr(n) (bis 1967):	**19...4336**
Wagen-Nr(n) (ursprüngl.):	**3655...4338**
	14 675–14 684
Postinterne Nr. (PINT-Nr.):	
Übersichtsblatt-Nr.:	**(01.109 / 01.112)**
Länge über Puffer:	**12 100 mm**
Länge des Wagenkastens:	**10 800 mm**
Höhe über SO:	**4 252 mm**
Endachsabstand:	**6 500 / 7 000 mm**
Laufwerksbauart:	**Lenkachsen / BA**
	Rathgeber
Höchstgeschwindigkeit:	
Bremse:	**Kkpbr, H**
Heizung:	**Dhz, Elhz, Ohz**
Lüftung:	**–**
Beleuchtung:	**El B**
Eigenmasse:	**16,9; 17,4 t**
Lastgrenze (Tragfähigkeit):	**10,8 / 11,3 t**
Anz. d. Pack-/Laderäume:	**1**
Anzahl der Rollbehälter-stellplätze:	
Baujahr(e):	**1927...1930**
Jahr(e) des Umbaus:	**1950–1952**
Ausmusterung:	**bis 1969**

DBP **Post 2-a/12,9** (Post -b/12,9) **25...383**

Diese Fahrzeuge stammten aus dem Park der DRP. Die Abt. VI des RPM gab sie in Auftrag. Deshalb trugen sie anfangs bayerische Wagennummern. Es erfolgten drei Lieferungen. Die Zweite (bestehend aus zwei Wagen) erhielt Dachfenster über dem Brief-raum. Sie rüstete man auch mit einer anderen Bauart der Druckluftbremse aus. Sämtliche Fahrzeuge waren in geschweißter Ganzstahlbauweise gefertigt. Der Achsstand entsprach wiederum den zweiachsigen Reisezugwagen der Einheitsbauart jener Zeit. Am HBrE befand sich ein Einstiegraum. Seine Türen waren gegenüber den Seitenwänden eingerückt. In ihm befanden sich der Abort, ein Kleider- und der Reglerschrank. Durch eine Schiebetür gelangte man in den Briefraum. Über den Aussacktischen hingen die Briefverteilfachwerke, schräg unter den Seitenwandfenstern des Briefraums befanden sich die Briefkästen. Der Dachraum enthielt 12 Ablagestangen für Pakete. Der Spind hatte einen Rollladenverschluss. Die Ofennische grenzte an die Trennwand zum Packraum. Der Durchgang war durch eine doppelte Schiebetür möglich. Im Packraum waren zwischen den Ladetüren und an der Stirnwand Packbretter angebracht. Mehrere Wagen wurden nach Kriegsschadgruppen wieder aufgebaut. Andere ließ die PV für den Behälterverkehr einrichten (25; 26; 150; 151).

Wagen-Nr(n) (bis 1967):	**25...383**
Wagen-Nr(n) (ursprüngl.):	**14 703...14 724**
Postinterne Nr. (PINT-Nr.):	
Übersichtsblatt-Nr.:	**Bl. 75**
Länge über Puffer:	**14 200 mm**
Länge des Wagenkastens:	**12 900 mm**
Höhe über SO:	**3 965 mm**
Endachsabstand:	**8 500 mm**
Laufwerksbauart:	**VLA**
Höchstgeschwindigkeit:	
Bremse:	**Hikbr, Kkbr, H**
Heizung:	**Dhz, Ohz**
Lüftung:	**stat.; BA Wendler**
Beleuchtung:	**El B**
Eigenmasse:	**17,3 t**
Lastgrenze (Tragfähigkeit):	**8,0 t**
Anzahl der Briefräume:	**1**
Anz. d. Briefverteilfächer:	
Anz. d. Grobverteilfächer:	
Anz. d. Beutelspannvorr.:	
Anz. d. Pack-/Laderäume:	**1**
Anzahl der Rollbehälterstellplätze:	
Baujahr(e):	**1934**
Jahr(e) des Umbaus:	
Ausmusterung:	**bis 1969**

DBP **Post -a(-c)/12** (Post 4-b/12) **50…296**

Diese Wagen stammten ursprünglich von den bayerischen Staatsbahnen. Damit entsprachen sie einer weiteren bayerischen Bauart. Sie entstanden in zwei Ausführungen. Die äußeren Langträger ihrer Untergestelle waren durch ein Sprengwerk verstärkt. Die Wagenkästen hatten ein hölzernes Kastengerippe, das außen mit Blech verkleidet war. Die Ladetüren der Wagen nach Bl. 204 erhielten in der Wagenmitte nur in einer Tür ein Fenster, die am HBrE erhielten keines. In allen Fällen war der Briefraum am NHBrE eingerichtet. Über den u-förmig angeordneten Arbeitstischen waren Briefverteilfachwerke angebracht. Eine räumliche Abtrennung zum Packraum durch eine Zwischenwand gab es nicht. Bei einigen Fenstern im Briefraum konnte der obere Teil herabgelassen werden. Die erste Serie wurde 1929 in die Gattung 2-c/12 umgebaut. Die Lieferung von 1907 bestand aus vier Fahrzeugen, von denen zwei im Jahr 1931 gleichermaßen umgebaut wurden. Der Wagen Nr. 50 behielt seine Drehgestelle. Zuletzt diente er als Standwagen in München Hbf. Neun Wagen erlitten Kriegsschäden; nur drei wurden 1947 wieder aufgebaut. Der Wagen Nr. 236 wurde im Jahr 1953 wieder in einen Alles-Bpw umgebaut.

Wagen-Nr(n) (bis 1967):	**50…296**
Wagen-Nr(n) (ursprüngl.):	**15 404…15 421**
Postinterne Nr. (PINT-Nr.):	
Übersichtsblatt-Nr.:	**203 – 204**
Länge über Puffer:	**13 774 mm**
Länge des Wagenkastens:	**12 000 mm**
Höhe über SO:	**4 055 mm**
Drehzapfenabstand:	**8 000 mm**
Laufwerksbauart:	**bay. Drehgest. / Lenkachsen**
Drehgestellachsabstand:	**2 500 mm**
Höchstgeschwindigkeit:	
Bremse:	**Wsbr, H**
Heizung:	**Ohz, Dhz**
Lüftung:	**stat.**
Beleuchtung:	**Ggl, El B**
Eigenmasse:	**27,2…27,7 t**
Lastgrenze (Tragfähigkeit):	**8,0 t**
Anzahl der Briefräume:	**1**
Anz. d. Briefverteilfächer:	
Anz. d. Grobverteilfächer:	
Anz. d. Beutelspannvorrichtungen:	
Anz. d. Pack-/Laderäume:	**1**
Anzahl der Rollbehälterstellplätze:	
Baujahr(e):	**1905…1907**
Jahr(e) des Umbaus:	**1929…1931; 1953**
Ausmusterung:	**bis 1964**

DBP **Post 2-a/12** (Post 3-b/12) **51...416**

Als eine weitere bayerische Bauart kamen auch diese Wagen über die DRP in den Park der DBP. Sie entstanden im Laufe ihrer Baujahre in mindestens 7 Ausführungen, wobei manche sich nur geringfügig voneinander unterschieden. Die Ladetüren wiesen die typischen bayerischen Merkmale auf. Sie waren für den gemischten Postdienst bestimmt. Der Briefraum befand sich an einem Wagenende und konnte nur über den Packraum erreicht werden. Eine Zwischenwand war zwar nicht vorhanden, aber die Ofennische und der Abort trennten den Brief-raum vom Packraum. Mit den Aktualisierungen der TB änderten sich auch ihr Aussehen und die technische Ausrüstung. So entfielen mit dem Einbau der elektrischen Beleuchtung die Haltegriffe auf dem Oberlichtaufbau und die Stirnwand-Aufstiege. Die Wagen 102 und 201 erlitten Kriegsschäden und wurden später repariert. Bei einigen anderen entfernte man 1955 die Mittelachse. Mit dem lauftechnischen Umbau im Jahr 1957 änderte sich bei weiteren Fahrzeugen das Gattungszeichen. Dabei entfernte man das mittlere Laufwerk und verstärkte die äußeren Langträger durch ebene Sprengwerke. Die Laufwerke ersetzte man durch solche der Bauart Rathgeber (vgl. Post 2-a/13, Bj. 1950). Den Wagen Nr. 329 verkaufte die PV nach der Ausmusterung.

Wagen-Nr(n) (bis 1967):	51...416
Wagen-Nr(n) (ursprüngl.):	14 567...15 487
Postinterne Nr. (PINT-Nr.):	
Übersichtsblatt-Nr.:	195;196; 6048[2]...[4]; 6262[1]
Länge über Puffer:	13 224 mm
Länge des Wagenkastens:	12 000 mm
Höhe über SO:	4 025 mm
Endachsabstand:	9 250 mm
Laufwerksbauart:	Lenkachsen / BA Rathgeber
Höchstgeschwindigkeit:	
Bremse:	Wsbr
Heizung:	Ohz, Dhz
Lüftung:	stat.
Beleuchtung:	Ggl, El B
Eigenmasse:	19,0...19,9 t
Lastgrenze (Tragfähigkeit):	6,0...6,3 t
Anzahl der Briefräume:	1
Anz. d. Briefverteilfächer:	
Anz. d. Grobverteilfächer:	
Anz. d. Beutelspannvorr.:	
Anz. d. Pack-/Laderäume:	1
Anzahl der Rollbehälterstellplätze:	
Baujahr(e):	1909...1925
Jahr(e) des Umbaus:	1954; 1957
Ausmusterung:	bis 1966

DBP **Post -a(-p)/20** (Post 4ü-a(-bI)/20) **122...376**

Diese als Hecht-Wagen bekannt gewordenen Fahrzeuge waren auch eine bayerische Bauart. Sie wurden in zwei Ausführungen beschafft. Die Erste war schwerer und hatte eine höhere Tragfähigkeit. Ihre Wagenkästen und Drehgestelle waren in genieteter Ganzstahlbauweise ausgeführt. Die äußere Gestaltung des Wagenkastens war den D-Zugwagen jener Zeit angepasst. Im Gegensatz zu diesen trug das Dach der Bpw noch einen Oberlichtaufbau; letztmalig bei bayerischen Bpw. Die doppelflügeligen Ladetüren erhielten erstmals beide ein Fenster. Als Stoßeinrichtung hatten die Wagen ursprünglich Hülsenpuffer mit Ausgleicheinrichtung. An beiden Wagenenden waren noch Schutzräume vorhanden. In einem befanden sich der Abort und Schränke. An beide schloss sich jeweils ein Briefraum an. Der Aussackraum befand sich in der Wagenmitte. Der Oberlichtaufbau war durch Auflagestangen zur Ablage von Postgut geeignet. Zur Beheizung der Wagen im Stillstand war die erste Lieferung mit zwei Öfen ausgestattet. Die Wagen 132 bis 134 erhielten einen Wertspind mit Stahlrollladen. Als Laufwerke erhielten die Wagen Drehgestelle mit Fachwerkrahmen, die zweite Ausführung solche der Bauart Görlitz III schwer, genietet. Im Jahr 1957 wurden einige Wagen in Alles-Bpw umgebaut und einzelne in c-Wagen.

Wagen-Nr(n) (bis 1967):	**122...376**
Wagen-Nr(n) (ursprüngl.):	**14 633...14 700**
Postinterne Nr. (PINT-Nr.):	
Übersichtsblatt-Nr.:	**6883, 19 752**
Länge über Puffer:	**21 320 mm**
Länge des Wagenkastens:	**20 020 mm**
Höhe über SO:	**4 147 mm**
Drehzapfenabstand:	**13 890 mm**
Laufwerksbauart:	**bay. / Görlitz III schwer**
Drehgestellachsabstand:	**3 500 / 3 600 mm**
Höchstgeschwindigkeit:	
Bremse:	**Kkbr**
Heizung:	**Ohz, Dhz**
Lüftung:	**stat.**
Beleuchtung:	**El B**
Eigenmasse:	**45,4...47,5 t**
Lastgrenze (Tragfähigkeit):	**15,5 / 14,7 t**
Anzahl der Briefräume:	**2**
Anz. d. Briefverteilfächer:	
Anz. d. Grobverteilfächer:	
Anz. d. Beutelspannvorr.:	**1**
Anz. d. Pack-/Laderäume:	
Anzahl der Rollbehälterstellplätze:	
Baujahr(e):	**1927...1931**
Jahr(e) des Umbaus:	**1957**
Ausmusterung:	**bis 1969**

DBP **Post -p/20** (Post 4ü-a/20,4) **157...336**

Sie waren die letzte Bauart bayerischer Bpw, die die Abteilung VI des RPM beschaffte. Gleichzeitig waren sie die Ersten, die in geschweißter Ganzstahlbauweise gefertigt wurden und als Drehgestellwagen keinen Oberlichtaufbau mehr trugen. Dafür enthielt das Dach in seinen Vouten gewölbte Fenster. Im Grundkonzept war der Wagenkasten-Rohbau dem der übrigen Reisezugwagen jener Zeit angepasst, z. B. glatte Seitenwände, eingerückte Einstiegtüren, Wagenenden als Rammkonstruktion und Tonnendach. Hinzu kamen noch die Drehgestelle der Bauart Görlitz III schwer. Als Stoßeinrichtung setzte man erstmals Hülsenpuffer mit Vorhub ein. Der Grundriss war dem des Vorgängers ähnlich. Zwischen den doppelflügeligen Ladetüren befand sich der Aussackraum. Sein Tisch hatte eine durchlöcherte Platte, unter der sich eine Staubabsaugung befand. Sie bewirkte der Fahrtwind oder mit Elektromotor angetriebene Lüfter. Zu den Wagenenden hin schloss sich je ein Briefverteilbereich und ein Vorraum an. Die Beleuchtung der Arbeitsräume erfolgte ursprünglich durch Mikroluxlampen mit Tiefstrahlern. Am HBrE befanden sich der Abort und Schränke. Die DBP ließ im Jahr 1958 diese Wagen zu Päckerei-Bpw umbauen. Dabei entfielen auch die Stirnwandübergänge.

Wagen-Nr(n) (bis 1967):	**157...336**
Wagen-Nr(n) (ursprüngl.):	**14 728...14 733**
Postinterne Nr. (PINT-Nr.):	
Übersichtsblatt-Nr.:	**20 213^{5}, 20 758**
Länge über Puffer:	**21 720 mm**
Länge des Wagenkastens:	**20 420 mm**
Höhe über SO:	**3 973 mm**
Drehzapfenabstand:	**14 400 mm**
Laufwerksbauart:	**Görlitz III schwer**
Drehgestellachsabstand:	**3 600 mm**
Höchstgeschwindigkeit:	
Bremse:	**Kkbr, Kksbr, H**
Heizung:	**Dhz, Ohz**
Lüftung:	**stat.**
Beleuchtung:	**El B**
Eigenmasse:	**39,7...40,1 t**
Lastgrenze (Tragfähigkeit):	**17,0 t**
Anzahl der Briefräume:	**1**
Anz. d. Briefverteilfächer:	
Anz. d. Grobverteilfächer:	
Anz. d. Beutelspannvorr.:	**3**
Anzahl der Rollbehälterstellplätze:	
Baujahr(e):	**1933, 1934**
Jahr(e) des Umbaus:	**1957**
Ausmusterung:	**bis 1969**

DBP **Post 2-p/10** (Post -c/10) 422...430

Diese Wagen galten auch als württembergische Bauart, obgleich sie erst nach der Übernahme der K.W.St.E. durch die DRP beschafft worden waren. Sie trugen anfangs Württemberger Wagennummern in wiederholter Belegung. Die in Güterwagenbauart gefertigten Fahrzeuge waren ursprünglich nur für den Transport von Postgut bestimmt. Dementsprechend hatten die Wagen Laufwerke mit Lenkachsen. Die Seitenwandungen waren an Langträgern befestigt, die die Seitenwände unten abschlossen. Die Ausführung der Ladetüren entsprach der Bauart jener Zeit. Das Dach trug einen Oberlichtaufbau mit Kiemenlüftern und Fenstern. Von den verbliebenen Wagen waren drei in die Kriegsschadgruppe 4 eingestuft. Für alle ließ die DBP von der Maschinenfabrik Esslingen Projekte erarbeiten, um die Wagen für höhere Fahrgeschwindigkeiten tauglich zu machen und in ihnen Päckchen und Paketsendungen bedingt bearbeiten zu können. So erhielten die Wagen Laufwerke der Bauart Rathgeber. Der Wagen 422 wurde außer mit Packbrettern mit einer Beutelspanne, einem Abort, einer Dampf- und Ofenheizung auch mit einer autonomen elektrischen Anlage sowie mit Zeitungskästen ausgerüstet. Die übrigen Wagen wurden gleichermaßen umgebaut. Den Wagen 426 nutzte man zuletzt als Standwagen.

Wagen-Nr(n) (bis 1967):	**422...430**
Wagen-Nr(n) (ursprüngl.):	**4...12[III]**
Postinterne Nr. (PINT-Nr.):	
Übersichtsblatt-Nr.:	**V.1113, V.1115**
Länge über Puffer:	**12 000 mm**
Länge des Wagenkastens:	**10 000 mm**
Höhe über SO:	
Endachsabstand:	**6 500 mm**
Laufwerksbauart:	**BA Rathgeber**
Höchstgeschwindigkeit:	
Bremse:	**Kkpbr, H**
Heizung:	**Verbund, Dhz, Ohz**
Lüftung:	**stat.**
Beleuchtung:	**El B**
Eigenmasse:	**17,0 t**
Lastgrenze (Tragfähigkeit):	**10,5 t**
Anz. d. Grobverteilfächer:	
Anz. d. Beutelspannvorr.:	**1**
Anz. d. Pack-/Laderäume:	**1**
Anzahl der Rollbehälterstellplätze:	
Baujahr(e):	**1931–1932**
Jahr(e) des Umbaus:	**1953**
Ausmusterung:	**bis 1975**

DBP **Post -c/8,5** (Post -c/8,5) **432...446**

Diese kleine Gruppe von Wagen galt ebenfalls als Württemberger Bauart. Sie war aber für die OPD Stuttgart bestimmt. Auch diese Wagen trugen anfangs Württemberger Wagennummern in zweiter Belegung. Die DRP hatte bereits in den Jahren 1925 / 26 für andere OPD Wagen dieser Bauart beschafft. Untergestell und Wagenkastengerippe waren in genieteter Stahlbauweise gefertigt. Die Seitenwände waren gleichermaßen aus geführt wie bei der längeren Variante derselben Bauart. Das Dach trug einen Oberlichtaufbau mit Fenstern und Kiemenlüftern sowie einen Rauchabzug. Die Kurbel der Handbremse war in einem Bremserhaus untergebracht. Am Untergestell hingen Zeitungskästen. Der Packraum konnte auch durch einen Ofen beheizt werden. Von den übernommenen Fahrzeugen waren die Wagen 435, 438, 441 und 446 in Kriegsschadgruppen eingestuft. Der Wagen 441 wurde nicht wieder aufgebaut, aber erst am 12.02 52 ausgemustert. Alle anderen musterte die PV nach etwa 10 weiteren Betriebsjahren aus.

Wagen-Nr(n) (bis 1967):	**432...446**
Wagen-Nr(n) (ursprüngl.):	**26''...40''**
Postinterne Nr. (PINT-Nr.):	
Übersichtsblatt-Nr.:	
Länge über Puffer:	
Länge des Wagenkastens:	**8 500 mm**
Höhe über SO:	
Endachsabstand:	**5 000 mm**
Laufwerksbauart:	**VLA**
Höchstgeschwindigkeit:	
Bremse:	**Kkpbr**
Heizung:	**Dhz, Ohz**
Lüftung:	**stat.**
Beleuchtung:	**El B**
Eigenmasse:	**14,7 t**
Lastgrenze (Tragfähigkeit):	**8,5 (9,0) t**
Anz. d. Briefverteilfächer:	
Anz. d. Grobverteilfächer:	
Anz. d. Pack-/Laderäume:	**1**
Baujahr(e):	**1931**
Jahr(e) des Umbaus:	
Ausmusterung:	**bis 1957**

DBP **Post 2-a/12,5** (Post -b/12,5) **468...477**

Diese Wagen galten verschiedentlich als Württemberger Bauart, da sie für Stuttgart bestimmt waren und anfangs Württemberger Wagennummern trugen. Andererseits wurden sie erst ab 1930 gebaut und wiesen keine auffälligen Merkmale Württemberger Bpw mehr auf. Im Gegensatz dazu dominierten die Bauteile der Einheitsbauweise. Die Wagen entstanden in genieteter Ganzstahlbauweise. Der Achsstand und die Laufwerke entsprachen dem zweiachsigen Einheits-Reisezugwagen jener Zeit. Die Seitenwände waren an der Unterseite eingezogen, und die als doppelflügelige Drehtüren ausgeführten Ladetüren hatten in jedem Flügel ein Fenster. Das Dach trug einen Oberlichtaufbau, der zur Beleuchtung und zur Entlüftung diente. Der Briefraum befand sich am NHBrE. Die elektrische Ausrüstung entsprach der Einheits-Dynamobeleuchtung. Sie bestand aus einem riemengetriebenen Gleichstrom-Generator, einer Schalttafel, einem Zuglichtregler, einer Bleibatterie, dem Leitungsnetz und Leuchten mit Glühlampen. Die Betriebsspannung betrug 24 Volt. Die Kurbel der Handbremse war auf einem offenen Bremserstand angeordnet. Von den verbliebenen Fahrzeugen wurde der Wagen 473 als Kriegsschadwagen übernommen und wieder aufgebaut. Ihn und den Wagen Nr. 474 verwendete man zuletzt als Standwagen.

Wagen-Nr(n) (bis 1967):	**468...477**
Wagen-Nr(n) (ursprüngl.):	**106...115**
Postinterne Nr. (PINT-Nr.):	
Übersichtsblatt-Nr.:	
Länge über Puffer:	
Länge des Wagenkastens:	**12 500 mm**
Höhe über SO:	
Endachsabstand:	**8 500 mm**
Laufwerksbauart:	**VLA**
Höchstgeschwindigkeit:	
Bremse:	**Kkpbr**
Heizung:	**Nuhz, Ohz**
Lüftung:	**stat.; Schlitze**
Beleuchtung:	**El B**
Eigenmasse:	**20,7...21,7 t**
Lastgrenze (Tragfähigkeit):	**10,0 t**
Anzahl der Briefräume:	**1**
Anz. d. Briefverteilfächer:	
Anz. d. Grobverteilfächer:	
Anz. d. Beutelspannvorr.:	
Anz. d. Pack-/Laderäume:	**1**
Anzahl der Rollbehälterstellplätze:	
Baujahr(e):	**1930, 1933**
Jahr(e) des Umbaus:	
Ausmusterung:	**bis 1972**

DBP **Post 2-a/9,7** (Post -b/9,7) **478...543**

Bis zur Wagennummer 511 stammten diese Wagen noch von den K.W.St.E. Sie entstanden in 6 Jahren des Lieferzeitraums. Die äußeren Langträger des stählernen Untergestells wurden durch ebene Sprengwerke verstärkt. Der Wagenkasten bestand aus Holz und war außen mit Blech verkleidet. Er stützte sich über Gummielemente auf das Untergestell. Die Ladetüren im Packraum waren außen laufende Schiebetüren. Der Briefraum befand sich am NHBrE. Er war vom Packraum durch eine Zwischenwand getrennt. Briefverteilfächer hingen über dem Aussacktisch an den Seitenwänden und an der Stirnwand. Die ursprüngliche Beleuchtung ersetzte man später durch eine elektrische. Die DRP beschaffte nochmals 30 Wagen dieser Gattung, allerdings in genieteter Ganzstahlbauweise. Fahrzeuge des Lieferjahres 1929 hatten im Laderaum eine einfache Drehtür und in der Wagenmitte eine Schiebetür. Ab 1930 besaßen sie dann statt der Schiebetüren zweiflügelige Ladetüren. Acht Wagen erlitten Kriegsschäden, davon wurden die Wagen 522 und 524 repariert und der 530 wiederaufgebaut. Dabei erhielt er eine neue Wagennummer (5578). Die DBP musterte etwa ein Drittel der bei ihr verbliebenen Fahrzeuge am 24.06.1965 aus. Die Letzten verwendete man als Standwagen.

Wagen-Nr(n) (bis 1967):	**478...543**
Wagen-Nr(n) (ursprüngl.):	**121...154**
	157...186
Postinterne Nr. (PINT-Nr.):	
Übersichtsblatt-Nr.:	**Bl. 113, 145**
Länge über Puffer:	**11 220 mm**
Länge des Wagenkastens:	**9 700 mm**
Höhe über SO:	**4 600 mm**
Endachsabstand:	**7 200 mm**
Laufwerksbauart:	**(VLA)**
Höchstgeschwindigkeit:	
Bremse:	**Wbr, Kkpbr, H**
Heizung:	**Dhz, (Nuhz), Ohz**
Lüftung:	**stat.; Schlitze**
Beleuchtung:	**(Ggl), (El B)**
Eigenmasse:	**15,2...18,6 t**
Lastgrenze (Tragfähigkeit):	**5,0...7,0 t**
Anzahl der Briefräume:	**1**
Anz. d. Briefverteilfächer:	**119+17[1]**
Anz. d. Grobverteilfächer:	
Anz. d. Beutelspannvorr.:	**–**
Anz. d. Pack-/Laderäume:	**1**
Anzahl der Rollbehälterstellplätze:	
Baujahr(e):	**1898...1931**
Jahr(e) des Umbaus:	
Ausmusterung:	**bis 1972**

[1] verschließbare Fächer

DBP **Post 3-a/12,5** (Post 3-b/12,5) **573...591**

Die Wagen 573...588 stammten ursprünglich von den Königlich Württembergischen Staatseisenbahnen. Die DRP reihte auch sie nach ihrer Übernahme in ihr Nummernsystem anstelle bereits ausgemusterter Fahrzeuge ein. Schon vorher war ihre technische Ausrüstung den damals geltenden TB gemäß modernisiert worden. Die Übrigen beschaffte die DRP. Das stählerne Untergestell in genieteter Bauweise trug einen hölzernen Wagenkasten, außen mit Blech verkleidet. Die von der DRP beschafften waren in genieteter Ganzstahlbauweise ausgeführt. Die Gesamtform entsprach dem Stil der Zeit, die Anordnung des Bremserhauses war den preußischen Abteilwagen entlehnt. Die jüngeren Wagen hatten nur noch eine Bremserbühne. Von ihnen gelangte allerdings keiner zur DBP. Die Bauart der Ladetüren, außen laufende Schiebetüren, sowohl für den Brief- als auch für den Packraum war typisch württembergisch. Bei allen Wagen befand sich der Briefraum am NHBrE. In den Packraum gelangte man durch eine Zwischenwand mit Schiebetür. Zum HBrE hin schloss sich ein Schutzraum an. Zur Belüftung des Brief- und des Packraumes hatte der Oberlichtaufbau Kiemenlüfter. Die von der DBP übernommenen Fahrzeuge erfuhren bis zur Ausmusterung keine wesentlichen Änderungen.

Wagen-Nr(n) (bis 1967):	**573...591**
Wagen-Nr(n) (ursprüngl.):	**7351...7369**
Postinterne Nr. (PINT-Nr.):	
Übersichtsblatt-Nr.:	**152**
Länge über Puffer:	**13 820 / 14 120 mm**
Länge des Wagenkastens:	**12 520 mm**
Höhe über SO:	**4 150 mm**
Endachsabstand:	**9 500 mm**
Laufwerksbauart:	**VLA**
Höchstgeschwindigkeit:	
Bremse:	**Wbr, Kkpbr**
Heizung:	**Dhz, Ohz**
Lüftung:	**stat.; Schlitze**
Beleuchtung:	**Ggl, El B**
Eigenmasse:	**17,5...20,0 t**
Lastgrenze (Tragfähigkeit):	**7,5 t**
Anzahl der Briefräume:	**1**
Anz. d. Briefverteilfächer:	
Anz. d. Grobverteilfächer:	
Anz. d. Beutelspannvorr.:	
Anz. d. Pack-/Laderäume:	**1**
Anzahl der Rollbehälterstellplätze:	
Baujahr(e):	**1902...1910, 1925**
Jahr(e) des Umbaus:	
Ausmusterung:	**bis 1963**

DBP **Post 4-aII/17** (Post 4-bII/17) **611–612**

Diese beiden Wagen waren die Letzten einer Serie von vier Fahrzeugen der K.W.St.E. und der Bpw dieser BV überhaupt. Im Allgemeinen entsprach ihre Konstruktion den bayerischen und preußischen Bpw jener Zeit. In der Bauart der Seitenwandtüren unterschieden sie sich allerdings prinzipiell. Die württembergischen Fahrzeuge hatten wiederum ihre außen laufenden, einteiligen Schiebetüren. Die Untergestelle bestanden aus Walzprofilen und Blechen. Ihre Langträger waren durch Sprengwerke verstärkt. Der hölzerne Wagenkasten war außen mit Blech verkleidet und der Innenraum als Alles-Bpw eingerichtet. Der Briefraum war diesmal zum HBrE hin angeordnet. Eine Schiebetür trennte ihn vom Packraum. An den Wagenenden hatten die Fahrzeuge Schutzabteile, wie sie derzeit üblich waren. Am HBrE konnte es als Laderaum genutzt werden. Am NHBrE enthielt es den Abort sowie einen Raum mit Schränken und einer Waschgelegenheit. Sämtliche Räume wurden elektrisch beleuchtet. Die Elektroenergie lieferte ein riemengetriebener Generator, wobei ursprünglich das stromregelnde Beleuchtungssystem der GEZ mit Rosenberg-Generator verwendet wurde. Später galten aktuellere TB. Während der Wagen Nr. 611 bei der OPD Stuttgart verblieb, beheimatete man den Wagen Nr. 612 zur OPD Hamburg um.

Wagen-Nr(n) (bis 1967):	**611–612**
Wagen-Nr(n) (ursprüngl.):	**7533–7534**
Postinterne Nr. (PINT-Nr.):	
Übersichtsblatt-Nr.:	**Bl. 327**
Länge über Puffer:	**18 700 mm**
Länge des Wagenkastens:	**17 000 mm**
Höhe über SO:	**4 138 mm**
Drehzapfenabstand:	**12 000 mm**
Laufwerksbauart:	**amerik. Bauart**
Drehgestellachsabstand:	**2 150 mm**
Höchstgeschwindigkeit:	
Bremse:	**Wsbr, H**
Heizung:	**Ohz, Dhz**
Lüftung:	**stat.**
Beleuchtung:	**El B**
Eigenmasse:	**34,5 t**
Lastgrenze (Tragfähigkeit):	**10,0 t**
Anzahl der Briefräume:	**1**
Anz. d. Briefverteilfächer:	
Anz. d. Grobverteilfächer:	
Anz. d. Beutelspannvorr.:	
Anz. d. Pack-/Laderäume:	**1**
Anzahl der Rollbehälter-stellplätze:	
Baujahr(e):	**1914**
Jahr(e) des Umbaus:	
Ausmusterung:	**bis 1966**

DBP **Post -a/20** (Post 4ü-a/20) **616...625**

Diese Wagen galten ebenfalls bedingt als Württemberger Bauart, weil auch sie für die OPD Stuttgart beschafft wurden und ursprünglich noch Württemberger Wagennummern trugen, aber auch sie wiesen keine auffälligen Merkmale Württemberger Bpw mehr auf. Die ersten Fahrzeuge entstanden noch in genieteter Ganzstahlbauweise. Besonders die Wagenenden passte man den etwas älteren D-Zug-Wagen jener Zeit an. Somit erhielten sie auch Stirnwandübergänge, die mit Faltenbälgen gesichert waren. Die früheren Schutzräume wurden Einstieg- oder Laderaum. Das Dach des Wagenkastens trug einen Oberlichtaufbau, wobei anstelle der Kiemenlüfter spezielle Sauger angebracht wurden. Die letzten vier Wagen (4ü-bII/20) fertigte man in geschweißter Ganzstahlbauweise. Sie waren die letzten pseudo-württembergischen Bpw überhaupt. Ihr Dach trug keinen Oberlichtaufbau mehr, hatte dafür aber an mehreren Stellen gewölbte Fenster. Die Einstiegtüren an den Wagenenden waren nunmehr eingerückt. Für die Entlüftung der Arbeitsräume sorgten Lüfter der Bauart Wendler. Beide Wagenbauarten erhielten eine mehrlösige Druckluftbremse. Die DBP ließ die Wagen 616...623 in Alles-Bpw umbauen. Der Wagen Stg 625 erhielt 1958 einteilige Schiebetüren vor den Laderäumen und das Gattungszeichen -p/20.

Wagen-Nr(n) (bis 1967):	**616...625**
Wagen-Nr(n) (ursprüngl.):	**7538–7547**
Postinterne Nr. (PINT-Nr.):	
Übersichtsblatt-Nr.:	
Länge über Puffer:	**21 500 mm**
Länge des Wagenkastens:	**20 000 mm**
Höhe über SO:	
Drehzapfenabstand:	**13 890 mm**
Laufwerksbauart:	**amerik. Bauart / Görlitz III schwer**
Drehgestellachsabstand:	**2 150 / 3 600 mm**
Höchstgeschwindigkeit:	
Bremse:	**Kksbr, H**
Heizung:	**Ohz, Dhz**
Lüftung:	**stat.**
Beleuchtung:	**El B**
Eigenmasse:	**42,8 t**
Lastgrenze (Tragfähigkeit):	**15,5 t**
Anzahl der Briefräume:	**1**
Anz. d. Briefverteilfächer:	
Anz. d. Grobverteilfächer:	
Anz. d. Beutelspannvorr.:	
Anz. d. Pack-/Laderäume	**1**
Anzahl der Rollbehälterstellplätze:	
Baujahr(e):	**1928...34**
Jahr(e) des Umbaus:	**1951...1958**
Ausmusterung:	**bis 1968**

DBP **Post 2-a/10** (Post 3-b/10) **1298...3698**

Diese Wagen waren preußischer Bauart. Sie galten anfangs als Gattung IIb. Sie hatten genietete Untergestelle. Der hölzerne Wagenkasten war außen mit Blech verkleidet. Das Dach trug einen Oberlichtaufbau, der am HBrE in das hoch gelegte Bremserhaus überging. Die letzten Serien waren in genieteter Ganzstahlbauweise ausgeführt. Sie hatten nur noch einen offenen Bremserstand. Im Wageninneren befand sich hier der Briefraum. Die Briefverteilfächer waren sowohl an den Seitenwänden als auch an der Stirnwand angeordnet. Ab dem Lieferjahr 1900 hingen unter dem Laderaum Zeitungskästen. Im Laderaum war auch der Abort angeordnet. An seiner inneren Längswand befand sich zum Laderaum hin ein klappbares Waschbecken. Bei einigen Wagen ließ bereits die DRP die Mittelachse entfernen. Darüber hinaus passte man die Wagen den TB an, z. B. Ersatz der Stangenpuffer durch Hülsenpuffer, Abbau der Laufbretter und Haltestangen, Austausch der Ggl gegen El B. Auf dem Untergestell des Wagens 1758 wurde ein Bpw wiederaufgebaut, der die Wagennummer 5561 erhielt. Desgleichen geschah noch mit zwei weiteren Wagen. Die DBP baute einzelne Fahrzeuge behelfsmäßig zu Päckerei-Bpw um (z.B. 1721, 2275, 2316), und einige verblieben als Standwagen (z.B. 1851, 1859, 1951, 2172).

Wagen-Nr(n) (bis 1967):	**1298...3698**
Wagen-Nr(n) (ursprüngl.):	
Postinterne Nr. (PINT-Nr.):	
Übersichtsblatt-Nr.:	**P I 4, P I 2, B. p. 173, B. p. 1000**
Länge über Puffer:	**11 700 mm**
Länge des Wagenkastens:	**10 000 mm**
Höhe über SO:	**4 057...4 150 mm**
Endachsabstand:	**7 500 mm**
Laufwerksbauart:	**VLA**
Höchstgeschwindigkeit:	
Bremse:	**Wsbr, Ksbr, H**
Heizung:	**Ohz, Dhz**
Lüftung:	**stat.**
Beleuchtung:	**Ggl, El B**
Eigenmasse:	**18,3 t**
Lastgrenze (Tragfähigkeit):	**7,5 t**
Anzahl der Briefräume:	**1**
Anz. d. Briefverteilfächer:	**116+24[1]**
Anz. d. Grobverteilfächer:	
Anz. d. Fächer f. Briefkörbe:	**5**
Anz. d. Beutelspannvorr.:	
Anz. d. Pack-/Laderäume:	**1**
Anzahl der Rollbehälterstellplätze:	
Baujahr(e):	**1886...1925**
Jahr(e) des Umbaus:	**versch.**
Ausmusterung:	**bis 1966**

[1] verschließbare Fächer

DBP **Post -a(-p)/12** (Post 4-a/12) **1517...2570**

Bpw bei den Länderbahnen mit einer Wagenkastenlänge von 12 m hatten ursprünglich Drehgestelle, so auch diese preußische Bauart. Sie galt damals als Gattung IIIa. Sie entstand in mehreren Serien. Dabei erhöhte man die Tragfähigkeit um 2 t. Alle hatten hölzerne Wagenkästen mit unten eingezogenen Seitenwänden, Oberlichtaufbau und hoch gesetztem Bremserhaus. Unterschiede bestanden in der Anordnung von Ladetüren und Fenstern in den Seitenwänden. So hatten die Wagen nach Musterblatt P I 5 nur eine doppelflügelige Ladetür je Seitenwand, die Wagen nach Musterblatt P I 3 dann zwei. In beiden Ausführungen waren die Arbeitstische u-förmig von einer Seitenwand zur anderen entlang der Stirnwände angeordnet. Darüber hingen die Briefverteilfächer. Beide hatten Zeitungskästen in der Wagenmitte. Aber in der Ausrüstung gab es entwicklungsbedingte Unterschiede. Die DBP übernahm einige Wagen, von denen die meisten in Alles-Bpw bereits umgebaut waren (teils 2-achsig, in den Jahren 1929 und 1938). Aus einzelnen Exemplaren entstanden sogar Päckerei-Bpw, so die Wagen 2056 und 2059. Sie baute man 1946 und 1947 wieder um in Alles-Bpw. Der Wagen 2223 wurde erst nach der Beseitigung der Kriegsschadgruppe zu einem Päckerei-Bpw umgebaut.

Wagen-Nr(n) (bis 1967):	**1517...2570**
Wagen-Nr(n) (UIC):	**–**
Postinterne Nr. (PINT-Nr.):	
Übersichtsblatt-Nr.:	**P I 5, P I 3**
Länge über Puffer:	**13 700 mm**
Länge des Wagenkastens:	**12 000 mm**
Höhe über SO:	**4 067...4 135 mm**
Drehzapfenabstand:	**8 000 mm**
Laufwerksbauart:	**preuß. Regelbauart/ VLA /BA Rathg.**
Drehgestellachsabstand:	**2 500 mm**
Höchstgeschwindigkeit:	
Bremse:	**Wbr, H**
Heizung:	**Ohz, Dhz**
Lüftung:	**stat.**
Beleuchtung:	**El B**
Eigenmasse:	**20,9...27,0 t**
Lastgrenze (Tragfähigkeit):	**6,0...8,0 t**
Anzahl der Briefräume:	**1**
Anz. d. Briefverteilfächer:	
Anz. d. Grobverteilfächer:	
Anz. d. Beutelspannvorr.:	**1**
Anz. der Pack-/Laderäume:	**1**
Anzahl der Rollbehälterstellplätze:	
Baujahr(e):	**1891...1908**
Jahr(e) des Umbaus:	**versch.**
Ausmusterung:	**bis 1964**

DBP **Post -a/8,5** (Post -b/8,5) **2586...4102**

Die ältesten dieser Wagen stammten noch aus dem Fahrzeugpark der Reichspostverwaltung. Sie galten damals als Gattung Ib. Ihre Abmessungen waren in den Normalien für die Eisenbahn-Postwagen der Preußischen Staatsbahnen festgeschrieben. Diese hatten noch hölzerne Wagenkästen auf Untergestellen aus Walzprofilen mit Achshaltern aus Flacheisen. Der Briefraum war am HBrE angeordnet. Die Briefkastenschlitze befanden sich anfangs unter seinen Fenstern, später daneben. Unter dem Packraum hingen zwei Zeitungskästen. Im Packraum selbst war der Abort untergebracht. Seine Anordnung variierte. Die Baulose der folgenden Jahre erhielten entwicklungsbedingte Detailänderungen. Als die genietete Ganzstahlbauweise eingeführt wurde, entfiel das hoch gestellte Bremserhaus. Die Kurbel der Handbremse war seitdem auf einer offenen Bremserbühne angebracht. Die Grundrisse blieben sich sehr ähnlich. Zur Entlüftung der Arbeitsräume trug der Oberlichtaufbau später an seinen Längsseiten je vier Saughauben. Die DBP übernahm einige dieser Fahrzeuge. Bereits das Erste musste aus einer Kriegsschadgruppe wiederaufgebaut werden, das Letzte auch. Dazwischen lagen weitere. Eines von ihnen (3254) verblieb noch einige Zeit als Standwagen.

Wagen-Nr(n) (bis 1967):	2586...4102
Wagen-Nr(n) (ursprüngl.):	
Postinterne Nr. (PINT-Nr.):	
Übersichtsblatt-Nr.:	P I 6, B. p. 550, B. p. 1200
Länge über Puffer:	10 200 , 10 390 mm
Länge des Wagenkastens:	8 500 mm
Höhe über SO:	4057...4150 mm
Endachsabstand:	5 000, 6 000 mm
Laufwerksbauart:	VLA
Höchstgeschwindigkeit:	
Bremse:	Wbr, H
Heizung:	Ohz, (Dhz)
Lüftung:	stat.
Beleuchtung:	Ggl, El B
Eigenmasse:	13,4...15,2 t
Lastgrenze (Tragfähigkeit):	5,0 t
Anzahl der Briefräume:	1
Anz. d. Briefverteilfächer:	127[1]
Anz. d. Fächer f. Briefkörbe:	5
Anz. d. Beutelspannvorr.:	–
Anz. d. Pack-/Laderäume:	1
Baujahr(e):	1908...1928
Jahr(e) des Umbaus:	
Ausmusterung:	bis 1962

[1] davon 12 verschließbar

DBP **Post 2-p/8,5** (Post -c/8,5) **2600...4075**

Auch die preußische PV ließ sog. Bahnpostpackwagen bauen und setzte sie als Bei- oder Sackwagen ein. Sie entstanden in Güterwagenbauart. Dabei war das Wagenkastengerippe von innen mit Brettern verschalt. Der Wagenkasten hatte ein flaches Dach und ein hoch gesetztes Bremserhaus. In der Wagenmitte hingen am Untergestell zwei Zeitungskästen. Die als doppelte Drehtüren ausgeführten Ladetüren hatten herablassbare Fenster. Alle Fenster des Laderaums waren vergittert. Der Laderaum enthielt Packbretter und ein kleines Regal für Frachtpapiere. Wagen dieser Bauart wurden in mehreren Serien beschafft. Sie erhielten Detailverbesserungen, die den geltenden TB entsprachen. Die Bauarten ab 1925 hatten einen Oberlichtaufbau und einen Bremserstand sowie Zeitungskästen am Untergestell. Die Inneneinrichtung ergänzte man mit einem Abort, einem Ofen und einem Kleiderschrank. Einzelne Wagen wurden nach Kriegsschadgruppen wieder aufgebaut (z.B. 2768, 2863). Die Wagen 2610 und 3194 richtete man behelfsmäßig als Alles-Bpw ein. Der Wagen 2606 verblieb als Werkstattwagen, die Fahrzeuge 3253 und 3254 als Gerätestandwagen und der Wagen 3278 als Gerätewagen. Den Wechsel des Gattungszeichens in 2-p/8,5 erlebte nur der Wagen 3361.

Wagen-Nr(n) (bis 1967):	**2600...4075**
Wagen-Nr(n) (ursprüngl.):	
Postinterne Nr. (PINT-Nr.):	
Übersichtsblatt-Nr.:	**P I 7, B.p. 1300**
Länge über Puffer:	**10 100 mm**
Länge des Wagenkastens:	**8 500 mm**
Höhe über SO:	**4 265 / 4 255 mm**
Endachsabstand:	**4 500 mm**
Laufwerksbauart:	**VLA**
Höchstgeschwindigkeit:	
Bremse:	**Wbr, Kbr, H**
Heizung / Lüftung:	**(Dhzl) / –**
Beleuchtung:	**–**
Eigenmasse:	**~ 12,0 t**
Lastgrenze (Tragfähigkeit):	**10,0 t**
Anz. d. Pack-/Laderäume:	**1**
Anzahl der Rollbehälterstellplätze:	
Baujahr(e):	**1908...1928**
Jahr(e) des Umbaus:	
Ausmusterung:	**bis 1969**

DBP **Post 4-a/17** (Post 4-a/17) **2632...2988**

Die Reichspostverwaltung beschaffte ab dem Jahre 1908 vier Gattungen von Bpw für Schnellzüge, die ihrerseits als a- oder b-Wagen ausgeführt wurden. Sie erhielten erstmals eine Länge des Wagenkastens von 17,0 m. Die erste Gattung (D IV) entsprach »Wagen für Schnellzüge ohne Übergangseinrichtung, jedoch mit je einem Schutzabteil an den Wagenenden«. Die äußeren Langträger der stählernen Untergestelle wurden durch Sprengwerke verstärkt. Die Seitenwände des hölzernen Wagenkastens zog man letztmalig an der Unterseite ein. Der Innenraum zwischen den Schutzabteilen war bei der 1. Lieferung als reiner Briefpostwagen eingerichtet. Die DRP baute sie zu bI- und bII-Wagen um. Ab dem Jahre 1909 wurde die b-Version serienmäßig beschafft. Mit zunehmenden Fahrgeschwindigkeiten wurden die Laufbretter und die dazugehörigen Haltestangen überflüssig. Auch ersetzten später Hülsenpuffer die Stangenpuffer. Nach Kriegsschadgruppen baute man einige Wagen wieder auf (z.B. 2632, 2741, 2792, 2988). Der Wagen 2643 wurde zum Päckerei-Bpw umgebaut. Von den übernommenen Fahrzeugen verwendete man die Wagen 2634, 2875 und 2978 zuletzt als Standwagen.

Wagen-Nr(n) (bis 1967):	**2632...2988**
Wagen-Nr(n) (ursprüngl.):	
Postinterne Nr. (PINT-Nr.):	
Übersichtsblatt-Nr.:	**B.p. 35**
Länge über Puffer:	**18 700 mm**
Länge des Wagenkastens:	**17 000 mm**
Höhe über SO:	**4 133 mm**
Drehzapfenabstand:	**12 000 mm**
Laufwerksbauart:	**preuß. Regelbauart / amerik. Bauart**
Drehgestellachsabstand:	**2 500 / 2 150 mm**
Höchstgeschwindigkeit:	
Bremse:	**Wsbr, Ksbr, H**
Heizung:	**Nhz, Ohz**
Lüftung:	**stat.**
Beleuchtung:	**El B**
Eigenmasse:	**34,7...35,6 t**
Lastgrenze (Tragfähigkeit):	**8,0 t**
Anzahl der Briefräume:	**1**
Anz. d. Briefverteilfächer:	
Anz. d. Grobverteilfächer:	
Anz. d. Beutelspannvorr.:	
Anz. d. Pack-/Laderäume:	**(1)**
Anzahl der Rollbehälterstellplätze:	
Baujahr(e):	**1908...1913**
Jahr(e) des Umbaus:	
Ausmusterung:	**bis 1968**

DBP **Post 3-p/10** (Post 3-c/10) **2700...3808**

Diese Fahrzeuge waren nach den zweiachsigen Postgepäckwagen die nächst längere Ausführung. Sie erhielten deshalb eine Mittelachse und galten anfangs als Gattung IIc. Ihre stählernen Baugruppen waren in genieteter Bauweise ausgeführt. Das Wagenkastengerippe war mit Brettern verkleidet. Fahrzeuge dieser Art wurden in mehreren Serien geliefert. Dadurch wiesen sie geringfügige Unterschiede auf. Die Wagen hatten ein flaches Dach. Ab 1925 erhielten sie einen Oberlichtaufbau. Aus dieser Zeit stammten vier Wagen (3651–3654), die zeitweilig der OPD Stuttgart zugeteilt waren und die Nummern 551–554 trugen. Die Kurbel der HBr war in einem hoch gelegten Bremserhaus untergebracht. Anfangs waren im Innenraum nur Packbretter an den Seiten- und Stirnwänden angebracht und ein kleines Fachwerk vorhanden. Der Begleiterraum war in der Wagenmitte zwischen den doppelflügeligen Ladetüren angeordnet. Zwischen der Mittelachse und der End-achse am NHBrE hingen Zeitungskästen am Untergestell. Einzelne jüngere Wagen baute man nachträglich in zweiachsige um und / oder nach schweren Kriegsschäden wieder auf. Der Wagen 3803 erhielt eine neue Wagennr. (5562), weil nur sein Untergestell verwendbar war, desgleichen verfuhr man mit den Wagen 3010 (5567) und 3400 (5568).

Wagen-Nr(n) (bis 1967):	**2700...3808**
Wagen-Nr(n) (ursprüngl.):	
Postinterne Nr. (PINT-Nr.):	
Übersichtsblatt-Nr.:	**P I 8, B. p. 596, B. p. 1400**
Länge über Puffer:	**11 600, 11 950 mm**
Länge des Wagenkastens:	**10 000 mm**
Höhe über SO:	**4 265...3 457 mm**
Endachsabstand:	**7 500 mm**
Laufwerksbauart:	**VLA**
Höchstgeschwindigkeit:	
Bremse:	**Wsbr, Ksbr, H**
Heizung:	**(Ohz)**
Lüftung:	**stat.**
Beleuchtung:	**(El B)**
Eigenmasse:	**16,1...17,3 t**
Lastgrenze (Tragfähigkeit):	**10,5 t**
Anz. d. Pack-/Laderäume:	**1**
Anzahl der Rollbehälterstellplätze:	
Baujahr(e):	**1908...1926**
Jahr(e) des Umbaus:	
Ausmusterung:	**bis 1968**

DBP **Post 4-a/17** (Post 4ü-b/17) **2705...3664**

Ab dem Jahre 1909 beschaffte die Reichspostverwaltung die 2. Gattung Bpw für Schnellzüge mit einer Kastenlänge von 17,0 m. Sie erhielten Stirnwandübergänge und einen Seitengang. Demzufolge galten sie als Gattung D IV (S). Bei ihnen zog man erstmals die Seitenwände an der Unterseite nicht mehr ein. Nunmehr setzte man die Einstiegtüren am HBrE zurück. Diese Wagen entsprachen der Variante b (heute: Alles-Bpw). Die Wagen 2704–2706 waren eine Übergangsform. Äußerlich entsprachen sie der Gattung D IV b (S), vom Grundriss her nur der Gattung IV b. Ein Ladetürenpaar befand sich fast in der Wagenmitte, das andere über einem Drehgestell. Brief- und Packraum unterschieden sich nur in der Ausstattung. Die Wagen späterer Lieferungen hatten eine veränderte Anordnung der Ladetüren und einen Seitengang. Aufgrund eines Schrankes in einem Einstiegraum entfiel dort die Einstiegtür. Bei der Unterteilung des Innenraums ordnete man den Aussackbereich teils dem Brief- und teils dem Packraum zu. Ab 1919 entstanden die Wagenkästen in genieteter Ganzstahlbauweise. Den Wagen 2704 gab die österreichische PV an die DBP zurück. Danach musterte man ihn aus. Der Wagen 3664 wurde nach einer Kriegsschadgruppe wieder aufgebaut.

Wagen-Nr(n) (bis 1967):	**2705...3664**
Wagen-Nr(n) (UIC):	
Postinterne Nr. (PINT-Nr.):	
Übersichtsblatt-Nr.:	**B.p. 41", B.p. 1700a**
Länge über Puffer:	**18 290 mm**
Länge des Wagenkastens:	**17 000 mm**
Höhe über SO:	**4 098...4 100 mm**
Drehzapfenabstand:	**12 000 mm**
Laufwerksbauart:	**preuß. Regelbauart, amerik. Bauart**
Drehgestellachsabstand:	**2 500, 2 150 mm**
Höchstgeschwindigkeit:	
Bremse:	**Wsbr, Kksbr**
Heizung:	**Dhz, Ohz**
Lüftung:	**stat.**
Beleuchtung:	**El B**
Eigenmasse:	**39,8...40,4 t**
Lastgrenze (Tragfähigkeit):	**8,0; 10,0 t**
Anzahl der Briefräume:	**1**
Anz. d. Briefverteilfächer:	
Anz. d. Grobverteilfächer:	
Anz. d. Beutelspannvorr.:	
Anz. d. Pack-/Laderäume:	**1**
Anzahl der Rollbehälterstellplätze:	
Baujahr(e):	**1909...1925**
Jahr(e) des Umbaus:	
Ausmusterung:	**bis 1967**

DBP **Post -a/17** (Post 4ü-a/17) **2828...3903**

Analog der Wagen der Gattung D IV b (S) beschaffte die Reichspostverwaltung auch reine Brief-Bpw. Sie galten demzufolge als Gattung D IV a (S). Die äußere Gestaltung entsprach den Alles-Bpw. In einem Einstiegraum waren der Abort und ein Schrank angeordnet. Im angrenzenden Teil des Briefraums befanden sich über den Arbeitstischen der größte Teil der Briefverteilfächer. Zum anderen Ende des Briefraums hin war der Aussackbereich eingerichtet. Hier gab es auch Briefverteilfächer. Insgesamt waren von ihnen 42 verschließbar. Diese Wagen bewährten sich für den Postdienst nicht aufgrund der geringeren nutzbaren Wagenbreite. Die weiteren Lieferungen erfolgten dann mit Mittelgang (D IV (M)). 1913 begannen Versuche, Bpw in eiserner Bauart herzustellen. Allerdings wurde das Dach weiterhin mit Holz verschalt. Die Wagen besaßen an den Enden abgeschrägte Vorbauten. Andere hatten eingerückte Einstiegtüren. Erst 1925 kamen die ersten beiden Wagen in Ganzstahlbauweise. Der Wagen 2828 wurde ab 1951 bis zu seiner Ausmusterung als Standwagen genutzt. Von den verbliebenen Fahrzeugen wurde der Wagen 3901 bereits 1947 ausgemustert. Bpw späterer Baujahre ließ die DBP zu Alles-Bpw umbauen (3900 und 3902).

Wagen-Nr(n) (bis 1967):	**2828...3903**
Wagen-Nr(n) (UIC):	
Postinterne Nr. (PINT-Nr.):	
Übersichtsblatt-Nr.:	**B.p. 41, 78, Postü 272a**
Länge über Puffer:	**18 290, 18 296 mm**
Länge des Wagenkastens:	**17 000, 17 300 mm**
Höhe über SO:	**4 100 mm**
Drehzapfenabstand:	**12 000 mm**
Laufwerksbauart:	**preuß. Regelbauart, amerik. Bauart**
Drehgestellachsabstand:	**2 500, 2 150 mm**
Höchstgeschwindigkeit:	
Bremse:	**Wsbr, Kksbr**
Heizung:	**Dhz, Ohz**
Lüftung:	**stat.**
Beleuchtung:	**El B**
Eigenmasse:	**41,2...48,7 t**
Lastgrenze (Tragfähigkeit):	**8,0...10,0 t**
Anzahl der Briefräume:	**1**
Anz. d. Briefverteilfächer:	**367[1]**
Anz. d. Grobverteilfächer:	**12**
Anz. d. Fächer f. Briefkörbe:	**8**
Anz. d. Beutelspannvorr.:	**6**
Anz. d. Pack-/Laderäume:	**(1)**
Anzahl der Rollbehälterstellplätze:	
Baujahr(e):	**1911...1926**
Jahr(e) des Umbaus:	**versch.**
Ausmusterung:	**bis 1968**
[1] davon 42 verschließbar	

DBP **Post 2-p/12** (Post 3-c/12,5) **3812...4279**

Die DRP beschaffte diese Fahrzeuge. Mit ihrer Wagenkastenlänge waren sie die längsten dreiachsigen Bpw ihrer Gattung und Bauart. Im Gegensatz zu den vorangegangenen Ausführungen erhielten sie einen Oberlichtaufbau. Dieser trug an seinen Seitenwänden zwischen den vergitterten Fenstern Saughauben zur Entlüftung des Laderaums. Die Handbremse befand sich anfangs im Bremserhaus, später auf der Bremserbühne. Außer Trittbrettern unter den Ladetüren und der Bremserbühne erhielten die Wagen noch Laufbretter. Zwischen der Mittelachse und der Endachse am NHBrE hingen Zeitungskästen. Neben den Packbrettern enthielten die Wagen auch einen Ofen, einen Abort sowie diverse Schränke. Einzelne Wagen baute man nach Kriegsschadgruppen wieder auf (z.B. Wg. 3930, 3966, 4129). Dagegen musste man die Wagen 3920, 4125 und 4154 ausmustern. Zur Verringerung des Instandhaltungsaufwandes ließ die DBP an den verbliebenen Fahrzeugen einige Veränderungen vornehmen. So entfernte man das Bremserhaus und die Laufbretter sowie die dazugehörigen Haltestangen. Die Kurbel der Handbremse verblieb auf der Bremserbühne. Darüber hinaus ersetzte man die drei Lenkachsen durch zwei Einachslaufwerke der Fa. Rathgeber. Das Untergestell verstärkte man durch Sprengwerke.

Wagen-Nr(n) (bis 1967):	**3812...4279**
Wagen-Nr(n) (ursprüngl.):	
Postinterne Nr. (PINT-Nr.):	
Übersichtsblatt-Nr.:	**B. p. 187**
Länge über Puffer:	**14 500 mm**
Länge des Wagenkastens:	**12 500 mm**
Höhe über SO:	**4 130 mm**
Endachsabstand:	**9 200 / 8 500 mm**
Laufwerksbauart:	**VLA / BA Rathgeber**
Höchstgeschwindigkeit:	
Bremse:	**Kkpbr, H**
Heizung:	**Dhzl, Ohz**
Lüftung:	**stat.**
Beleuchtung:	**El B**
Eigenmasse:	**19,6 t**
Lastgrenze (Tragfähigkeit):	**15,0 t**
Anz. d. Grobverteilfächer:	
Anz. d. Pack-/Laderäume:	**1**
Anzahl der Rollbehälter-stellplätze:	
Baujahr(e):	**1926...1929**
Jahr(e) des Umbaus:	**1954 / 1957**
Ausmusterung:	**bis 1968**

DBP **Post -a(-p)/20** (Post 4ü-a/20) **3910...4117**

Ab dem Jahre 1926 beschaffte die DRP erstmals verlängerte Bpw für den Einsatz in D-Zügen. Sie entstanden in genieteter Ganzstahlbauweise und erhielten abgeschrägte Kopfenden mit Stirnwandübergängen. Damit entsprachen sie dem wagenbaulichen Entwicklungsstand. Als Stoßeinrichtung verwendete man Hülsenpuffer mit Ausgleicheinrichtung. Die Fahrzeuge waren als reine Briefpostwagen eingerichtet. Am HBrE befand sich ein Einstiegraum mit Abort und Schränken. Daran schloss sich der Briefraum an. Am NHBrE befand sich auch ein Schutzraum. Er konnte als Laderaum genutzt werden. Den Wagen 3933 ließ die DRP in die Gattung -bl umbauen. Er wurde im Jahr 1958 an die britische Rheinarmee verkauft. Die DBP ließ gleichermaßen einzelne Fahrzeuge umbauen, zuerst in Alles-Bpw, danach für Päckerei-Bp. Bei diesen ersetzte man die doppelflügeligen Ladetüren in der Wagenmitte durch einfache Schiebetüren. Der Schutzraum am HBrE enthielt nach wie vor den Abort und diverse Schränke. Daran schloss sich der Begleiterraum mit Arbeitsplatte, Schränken und Fächern sowie dem Ofen an. Den Schutzraum am NHBrE bezog man in den Laderaum mit ein. Unter den Packbrettern waren einzelne Schränke angeordnet. Stirnwandübergänge hatten diese Wagen nicht mehr.

Wagen-Nr(n) (bis 1967):	**3910...4117**
Wagen-Nr(n) (UIC):	**a: 00-12 122–124** **p: 00-12 803...817**
Postinterne Nr. (PINT-Nr.):	
Übersichtsblatt-Nr.:	**B.p. 1801, f. Umb. Bl. 479**
Länge über Puffer:	**21 320 mm**
Länge des Wagenkastens:	**20 020 mm**
Höhe über SO:	**4 141 mm**
Drehzapfenabstand:	**14 000 mm**
Laufwerksbauart:	**amerik. Bauart, Görlitz II schwer**
Drehgestellachsabstand:	**2 150, 3 600 mm**
Höchstgeschwindigkeit:	**120 km/h**
Bremse:	**Kksbr, H**
Heizung:	**Nuhz, (Elhz), Ohz**
Lüftung:	**stat.**
Beleuchtung:	**El B**
Eigenmasse:	**~ 40,1 t**
Lastgrenze (Tragfähigkeit):	**16,0 t**
Anzahl der Briefräume:	**(1)**
Anz. d. Briefverteilfächer:	**440[1]**
Anz. d. Grobverteilfächer:	**12**
Anz. d. Fächer f. Briefkörbe:	**12**
Anz. d. Beutelspannvorr.:	**3**
Anz. d. Pack-/Laderäume:	**(1)**
Anzahl der Rollbehälterstellplätze:	
Baujahr(e):	**1926–1928**
Jahr(e) des Umbaus:	**1957**
Ausmusterung:	**bis 1968**

[1] davon 42 verschließbar

DBP **Post -a(-p)/20** (Post 4ü-a/20) **4077...4487**

Ab dem Jahre 1928 beschaffte die DRP weitere Briefpostwagen für D-Züge. Ihre augenscheinlichsten Unterschiede zur vorangegangenen Bauart waren die eingerückten Türen an den Wagenenden und die Bauart der Drehgestelle. Nicht alle Fahrzeuge erhielten Stirnwandübergänge. Der Briefraum war z. T. durch eine Zwischenwand mit doppelter Schiebetür unterteilt. Beide Räume hatten klappbare Briefverteilfächer an den Trennwänden zu den Schutzräumen sowie klappbare Aussacktische vor den Ladetüren. Von den Briefverteilfächern waren 42 verschließbar. In beiden Briefräumen stand ein Ofen. Mehrere Wagen wurden während ihres Wiederaufbaus nach einer Kriegsschadgruppe bzw. bei einem Umbau in Alles-Bpw umgebaut (z.B. Wagen 4212 und 4236 in die Bauart -bl). Weiterhin baute man im Jahr 1947 auf den Untergestellen der Wagen 4344–4346 die Wagen 5566, 5569 und 5570 auf. Die meisten ließ die DBP zu Päckerei-Bpw umbauen. Dabei wurde nach dem Vorraum am HBrE ein Begleiterraum mit Arbeitsplatte, Schränken und Fächern eingerichtet. Der Packraum bezog den Schutzraum am NHBrE mit ein. Die bisherigen Ladetüren ersetzte man durch innen laufende einteilige Schiebetüren. Stirnwandübergänge hatten diese Wagen nicht mehr. Auch die Zeitungskästen entfielen.

Wagen-Nr(n) (bis 1967):	**4077...4487**
Wagen-Nr(n) (UIC):	**a: 00-12 125–135**
	p: 00-12 807...837
Postinterne Nr. (PINT-Nr.):	
Übersichtsblatt-Nr.:	**Bl. 293, 477**
Länge über Puffer:	**21 320 mm**
Länge des Wagenkastens:	**20 020 mm**
Höhe über SO:	**4 115 mm**
Drehzapfenabstand::	**14 000 mm**
Laufwerksbauart:	**Görlitz II, später III schwer**
Drehgestellachsabstand:	**3 600 mm**
Höchstgeschwindigkeit:	**120 km/h**
Bremse:	**Kksbr, H**
Heizung:	**Nuhz, (Elhz), Ohz**
Lüftung:	**stat.**
Beleuchtung:	**El B**
Eigenmasse:	**40,1...42,8 t**
Lastgrenze (Tragfähigkeit):	**16,0 t**
Anzahl der Briefräume:	**(2)**
Anz. d. Briefverteilfächer:	**450**
Anz. d. Grobverteilfächer:	**12**
Anz. d. Fächer f. Briefkörbe	**12**
Anz. d. Beutelspannvorr.:	**3**
Anz. d. Pack-/Laderäume:	**1**
Anzahl der Rollbehälter-stellplätze:	
Baujahr(e):	**1928–1935**
Jahr(e) des Umbaus:	**1949...1958**
Ausmusterung:	**bis 1969**

DBP **Post 2-a/12** (Post -b/12,5) **4286...4457**

Die DRP beschaffte diese Wagen für den Einsatz in Personenzügen. Wagen mit dieser Kastenlänge waren bisher dreiachsig. Mehrere Waggonfabriken lieferten diese Fahrzeuge. Sie entstanden in genieteter Ganzstahlbauweise mit Oberlichtaufbau. Die Handbremse befand sich auf einem Bremserstand. Der Innenraum war derart gegliedert, dass der Briefraum am HBrE eingerichtet war. Von den Briefverteilfächern waren 30 verschließbar. Den angrenzenden Packraum trennte eine Zwischenwand mit Schiebetür vom Briefraum. Im Packraum waren auch der Abort und der Kleiderschrank angeordnet. Für den Einsatz auf Strecken mit niedrigeren zulässigen Achslasten ließ die DRP die Wagen 4450 und 4451 mit einer zusätzlichen Mittelachse ausrüsten. Einige Wagen mussten in Kriegsschadgruppen eingestuft werden (z.B. die Wagen 4286, 4298, 4452, 4457). Der Wiederaufbau erfolgte in unterschiedlicher Form, so entstand z. B. auf dem Untergestell des Wagens 4435 der Wagen 5564. Der Wagen 4389 wurde zerstört, seine Wagennummer wurde jedoch an einen bisher unbekannten Kriegsschadwagen vergeben. Der Wagen 4454 wurde am 4. 12. 1968 ausgemustert. Ein Wagen mit derselben Wagennummer wird in der Tschechischen Republik von einem Freundeskreis erhalten und betreut.

Wagen-Nr(n) (bis 1967):	4286...4457
Wagen-Nr(n) (UIC):	
Postinterne Nr. (PINT-Nr.):	
Übersichtsblatt-Nr.:	P Post 561
Länge über Puffer:	14 500 mm
Länge des Wagenkastens:	12 620 mm
Höhe über SO:	4 158 mm
Endachsabstand:	9 200 mm
Laufwerksbauart:	VLA
Höchstgeschwindigkeit:	
Bremse:	Kk-GP
Heizung:	Nuhz, Ohz
Lüftung:	stat.
Beleuchtung:	El B
Eigenmasse:	21,7 t
Lastgrenze (Tragfähigkeit):	8,0 (8,5) t
Anzahl der Briefräume:	1
Anz. d. Briefverteilfächer:	151+30[1]
Anz. d. Grobverteilfächer:	
Anz. d. Fächer f. Briefkörbe:	4
Anz. d. Beutelspannvorr.:	
Anz. d. Pack-/Laderäume:	1
Anzahl der Rollbehälterstellplätze:	
Baujahr(e):	1929–1932
Jahr(e) des Umbaus:	1935
Ausmusterung:	bis 1969
[1] verschließbare Fächer	

DBP **Post -a(-b,-p)/21** (Post 4ü-a/21,6) **4510...4666**

Diese Wagen gehörten einer neuen Generation von Bpw an. Ihr Wagenkasten-Rohbau und die Drehgestellrahmen waren nunmehr eine Schweißkonstruktion. Die DRP hatte zuvor die Entwicklung und Konstruktion von der DRB übernommen und zusammen mit den Waggonbau-Firmen Gebr. Credé und Co. in Kassel und Christoph & Unmack in Niesky ausgeführt. Dabei wurde der Wagenkasten um 1,6 m verlängert und an den Wagenenden sowohl der Dachscheitel abgesenkt als auch die Seitenwände über die Stirnwände hinaus verlängert. Über den Fenstern der Arbeitsräume ordnete man Lüftungsöffnungen an. Der Oberlichtaufbau entfiel. Dafür erhielt das Dach an einigen Stellen Fenster. Die Bauart der Stoßeinrichtung und die prinzipielle Gliederung des Grundrisses behielt man bei. Am HBrE befanden sich im Einstiegraum der Abort und Schränke. Daran schloss sich der Briefraum an. Er war durch eine Wand mit doppelter Schiebetür unterteilt. 42 Briefverteilfächer waren verschließbar. Am NHBrE befand sich der Schutzraum. Die Wagen 4514, 4518, 4661 erlitten Kriegsschäden. Die DBP ließ einige ihrer Fahrzeuge zu Alles-Bpw (4515, 4663 und 4666) und Transport-Bpw umbauen. Im Wagen 4510 erprobte die PV die Beleuchtung mit Neonlampen. Gleichzeitig erhielt dieser Gelenkwellenantrieb für den Generator.

Wagen-Nr(n) (bis 1967):	**4510...4666**
Wagen-Nr(n) (UIC):	**a: 00-12 155...170**
	b: 00-12 600–601
	00-16 600...604
Postinterne Nr. (PINT-Nr.):	
Übersichtsblatt-Nr.:	**301, 309**
Länge über Puffer:	**22 900 mm**
Länge des Wagenkastens:	**21 600 mm**
Höhe über SO:	**3 936,25 mm**
Drehzapfenabstand:	**15 500 mm**
Laufwerksbauart:	**Görlitz III schwer**
Drehgestellachsabstand:	**3 600 mm**
Höchstgeschwindigkeit:	**120 km/h**
Bremse:	**Kksbr, H**
Heizung:	**(ElHz), Dhz, Ohz**
Lüftung:	**stat.**
Beleuchtung:	**El B**
Eigenmasse:	**38,5...42,3 t**
Lastgrenze (Tragfähigkeit):	**20,0 t**
Anzahl der Briefräume:	**1**
Anz. d. Briefverteilfächer:	**438[1]**
Anz. d. Grobverteilfächer:	**12**
Anz. d. Fächer f. Briefkörbe	**8**
Anz. d. Beutelspannvorr.:	**3**
Anz. d. Pack-/Laderäume:	**(1)**
Anzahl der Rollbehälter-stellplätze:	
Baujahr(e):	**1936...1938**
Jahr(e) des Umbaus:	
Ausmusterung:	**1974**

[1] davon 42 verschließbar

DBP **Post -p(-a)/21** (Post 4ü-c/21,6) **4552...4962**

Diese Wagen entsprachen der vierten Gattung von Bpw, die das RPM nach der Umstellung von genieteter Bauweise mit 20 m Kastenlänge auf geschweißte Bauart mit 21,6 m Kastenlänge entwickeln ließ. Sie waren hauptsächlich zur Beförderung von Paketen und Päckchen bestimmt. Der Wagen-Rohbau entsprach den übrigen drei Gattungen. Nur der Verwendungszweck bestimmte die unterschiedliche Anordnung der Türen und Fenster. Der Grundriss war symmetrisch aufgebaut. In der Wagenmitte befand sich der Aussackraum mit Abort und Waschgelegenheit sowie der Kleiderschrank. Nach beiden Wagenenden hin schlossen sich je ein Pack- und ein Vorraum an. Von einem Laderaum gelangte man in den Abort. Alle Räume waren untereinander durch Zwischenwände mit doppelten Schiebetüren getrennt. Einige Wagen (z.B. 4556, 4587, 4956) wurden nach Kriegsschadgruppen wieder aufgebaut. Den ersten verbliebenen Wagen 4552 ließ die PV im Jahr 1947 in einen Alles-Bpw umbauen. Der wiederaufgebaute Wagen 4553 entstand auch als Alles-Bpw. Den Wagen 4604 baute man mehrmals um. Die Übrigen setzte man zweckentsprechend ein. Der Wagen 4586 diente zeitweise einer Militärregierung zur Postbeförderung. Nach der Ausmusterung verblieb er einige Zeit als Standwagen.

Wagen-Nr(n) (bis 1967):	**4552...4962**
Wagen-Nr(n) (UIC):	**00-12 847...869**
Postinterne Nr. (PINT-Nr.):	
Übersichtsblatt-Nr.:	**Bl. 305, 307, 325**
Länge über Puffer:	**22 900 mm**
Länge des Wagenkastens:	**21 600 mm**
Höhe über SO:	**3 931,5; 3 936,5 mm**
Drehzapfenabstand:	**15 500 mm**
Laufwerksbauart:	**Görlitz III schwer**
Drehgestellachsabstand:	**3 600 mm**
Höchstgeschwindigkeit:	**120 km/h**
Bremse:	**Kksbr, H**
Heizung:	**Nuhz, (Elhz), Ohz**
Lüftung:	**stat.**
Beleuchtung:	**El B**
Eigenmasse:	**38,5 t**
Lastgrenze (Tragfähigkeit):	**20,0 (21,0) t**
Anz. d. Grobverteilfächer:	
Anz. d. Beutelspannvorr.:	**3**
Anz. d. Pack-/Laderäume:	**2**
Anzahl der Rollbehälter-stellplätze:	
Baujahr(e):	**1936–1941**
Jahr(e) des Umbaus:	**1947, 1950**
Ausmusterung:	**bis 1975**

DBP **Post -a/21** (Post 4ü-bII/21,6) **4608...4832**

Die Wagen dieser Baureihe und Gattung unterschieden sich weniger wagentechnisch von ihren Vorgängern, sondern vorwiegend von der Gestaltung des Grundrisses und deren Auswirkung auf die Anordnung von Türen, Fenstern und Zeitungskästen. Die Räume an den Wagenenden wurden vereinheitlicht und zu Einstieg- bzw. Laderäumen mit doppelflügeligen Drehtüren verringert. An beide schlossen sich spiegelbildlich ausgeführte Packräume an. Der Abort und ein Schrank befanden sich nunmehr unmittelbar neben dem Briefraum. Ein kurzer Seitengang verband hier den Brief- mit dem Packraum und ermöglichte den Zugang zu beiden. Von den Briefverteilfächern waren 30 verschließbar und 24 im losen Fachwerk. Es folgten in den Rechnungsjahren 1938 und 1939 je eine weitere Lieferung, dabei erhielten die Packräume feste Fenster anstatt der herablassbaren mit Riemenzug. Die Wagen hatten als Einzige der Bestellung von 1938 noch Hülsenpuffer mit Ausgleicheinrichtung und geteilte Zugeinrichtungen. Die DBP übernahm von diesen nur ein Exemplar (4794). Die darüber hinaus vorhandenen Wagen entsprachen den noch genannten Übersichtsblättern. Die Wagen 4676, 4679 und 4687 mussten bereits im Jahr 1947 ausgemustert werden, der Wagen 4830 schon 1946.

Wagen-Nr(n) (bis 1967):	**4608...4832**
Wagen-Nr(n) (UIC):	**00-12 332–347**
Postinterne Nr. (PINT-Nr.):	
Übersichtsblatt-Nr.:	**Bl.311, 323, 337**
Länge über Puffer:	**22 900 mm**
Länge des Wagenkastens:	**21 600 mm**
Höhe über SO:	**3 936,25 mm**
Drehzapfenabstand:	**15 500 mm**
Laufwerksbauart:	**Görlitz III schwer**
Drehgestellachsabstand:	**3 600 mm**
Höchstgeschwindigkeit:	**120 km/h**
Bremse:	**Kksbr, H**
Heizung:	**Nuhz, Ohz, (ElHz)**
Lüftung:	**stat.**
Beleuchtung:	**El B**
Eigenmasse:	**39,5 t**
Lastgrenze (Tragfähigkeit):	**20,0 t**
Anzahl der Briefräume:	**1**
Anz. d. Briefverteilfächer:	**152[1]**
Anz. d. Grobverteilfächer:	**12**
Anz. d. Fächer f. Briefkörbe	**6**
Anz. d. Beutelspannvorr..:	**3**
Anz. d. Pack-/Laderäume:	**2**
Anzahl der Rollbehälterstellplätze:	
Baujahr(e):	**1938–1942**
Jahr(e) des Umbaus:	
Ausmusterung:	**bis 1975**

[1] davon 30 verschließbar sowie 24 im losen Fachwerk

DBP **Post -a/15** (Post 4-b/15) **4693...5300**

Diese Wagen wurden von der DRP übernommen. Ihr RPZ ließ sie in Zusammenarbeit mit der Wumag in Görlitz entwickeln und bauen. Sie waren für Relationen mit geringerem Postaufkommen bestimmt. Die Forderung nach Stirnwandübergängen bestand hier nicht. Die Fahrzeuge waren in geschweißter Ganzstahlbauweise gefertigt. Es gab Ausführungen ohne und mit Fenstern im Dach über dem Briefraum, davon aber nur drei Wagen. Die Seitenwände waren im Bereich des Einstiegraums eingerückt, aber an beiden Wagenenden über die Stirnwände hinaus verlängert. Am Untergestell hingen Zeitungskästen. Der Packraum am NHBrE hatte zwei doppelflügelige Ladetüren je Wagenseite. Der Briefraum schloss sich zum HBrE hin an. Beide Räume trennten eine Zwischenwand mit doppelter Schiebetür. Von den Briefverteilfächern waren 24 verschließbar und 24 in einem losen Teil. Den Abschluss bildete der Einstieg-raum mit Schrank und Abort. Einige Fahrzeuge wurden nach Kriegsschadgruppen wieder aufgebaut. Zur Entlüftung hatten die Wagen entweder Lüftungsklappen über den Seitenwandfenstern oder statische Lüfter auf dem Dach. Den Wagen 4733 richtete man für Versuche mit textilen Postgutbehältern ein. Sechs Fahrzeuge verblieben als Standwagen (4718, 4729, 4778, 4991, 5295, 5298).

Wagen-Nr(n) (bis 1967):	**4693...5300**
Wagen-Nr(n) (UIC):	**00-12 12 002–088**
Postinterne Nr. (PINT-Nr.):	
Übersichtsblatt-Nr.:	**315, 317, 327, 339, 351, 355[II]**
Länge über Puffer:	**16 300 mm**
Länge des Wagenkastens:	**15 004 mm**
Höhe über SO:	**3 930 mm**
Drehzapfenabstand:	**9 000 mm**
Laufwerksbauart:	**Görlitz III leicht**
Drehgestellachsabstand:	**3 000 mm**
Höchstgeschwindigkeit:	**120 km/h**
Bremse:	**Hikpbr, H**
Heizung:	**(ElHz), Dhz, Ohz**
Lüftung:	**Lüftungsklappen / stat.; BA Kuckuck**
Beleuchtung:	**El B**
Eigenmasse:	**30,9 t**
Lastgrenze (Tragfähigkeit):	**12,0 t**
Anzahl der Briefräume:	**1**
Anz. d. Briefverteilfächer:	**160[1]**
Anz. d. Grobverteilfächer:	**6**
Anz. d. Fächer f. Briefkörbe	**4**
Anz. d. Beutelspannvorr.:	**1**
Anz. d. Pack-/Laderäume:	**1**
Anzahl der Rollbehälterstellplätze:	
Baujahr(e):	**1938...1944**
Jahr(e) des Umbaus:	
Ausmusterung:	**bis 1972**

[1] davon 24 verschließbar sowie 24 im losen Fachwerk

DBP **Post -a(-b,-p)/21** (Post 4(ü)-a/21,6) **4783...5147**

Die ersten Fahrzeuge dieser Bauart waren gleichzeitig die Ersten in windschnittiger Bauform. Ihre auffälligsten Merkmale waren: Die Türen an den Wagenenden befanden sich in der Seitenwandebene, die Seitenwände waren etwa 500 mm über die Stirnwände hinaus verlängert und die Seitenwände hatten Schürzen unterhalb der äußeren Langträger. Die einflügeligen Einstiegtüren an HBrE waren als sog. Knicktüren ausgeführt. Die Gestaltung des Grund-risses lehnte sich sehr stark an die der Baureihe 1936 an. Im Vorraum befanden sich der Abort, Schränke und das Handrad der Handbremse. Es schloss sich ein erster Briefraum an. Der zweite Briefraum war durch eine Zwischenwand mit doppelter Schiebetür getrennt. In ihm befand sich zur Wagenmitte hin der Aussackraum. Am NHBrE war wieder ein Schutzraum mit doppelflügeligen Ladetüren vorhanden. Die Drehgestelle waren nunmehr mit Rollenlagerradsätzen ausgerüstet. Bei nachfolgenden Lieferungen entfielen teilweise die Stirnwandübergänge. Der Wagen 4783 wurde nach Kriegsschäden als Alles-Bpw wieder aufgebaut. Für den Generator erhielt er Gelenkwellenantrieb. Andere Wagen wurden zu Alles-Bpw und Transport-Bpw umgebaut. Der Wagen 4815 verblieb nach seiner Ausmusterung als Gerätewagen in Trier.

Wagen-Nr(n) (bis 1967):	**4783...5147**
Wagen-Nr(n) (UIC):	**a: 00-12 171...200**
	b: 00-12 605–608
	p: 00-12 860...873, 969
Postinterne Nr. (PINT-Nr.):	
Übersichtsblatt-Nr.:	**Bl. 319, 319a, 329, 331, 343**
Länge über Puffer:	**22 900 mm**
Länge des Wagenkastens:	**21 604 mm**
Höhe über SO:	**3 936,25 mm**
Drehzapfenabstand:	**15 500 mm**
Laufwerksbauart:	**Görlitz III schwer**
Drehgestellachsabstand:	**3 600 mm**
Höchstgeschwindigkeit:	**120 km/h**
Bremse:	**Kksbr, H**
Heizung:	**(ElHz), Nuhz, Ohz**
Lüftung:	**stat.; BA Kuckuck**
Beleuchtung:	**El B**
Eigenmasse:	**~ 42,2 t**
Lastgrenze (Tragfähigkeit):	**20,0 t**
Anzahl der Briefräume:	**2**
Anz. d. Briefverteilfächer:	**438[1]**
Anz. d. Grobverteilfächer:	**12**
Anz. d. Fächer f. Briefkörbe	**8**
Anz. d. Beutelspannvorr.:	**3**
Anz. d. Pack-/Laderäume:	**(1)**
Anzahl der Rollbehälterstellplätze:	
Baujahr(e):	**1941...1943**
Jahr(e) des Umbaus:	**ab 1960**
Ausmusterung:	**bis 1976**

[1] davon 42 verschließbar sowie 24 im losen Fachwerk

DBP **Post -p/21** (Post 4-c/21,6) **5334…5352**

Diese Wagen entstanden in Kriegsbauart. Sie war eine »entfeinerte« Ausführungsart bisheriger Entwicklungen im Eisenbahn-Waggonbau aus Materialmangel. Zu den offensichtlichen »Entfeinerungen« zählten das bis an die Stirnwände gerade durchlaufende Dach ohne Dachfenster, die entfallenen Stirnwandübergänge und der Ersatz der Lüfter über den Seitenwandfenstern durch Dachlüfter der Bauart Kuckuck. Die Einstieg- und Ladetüren an den Wagenenden waren wieder eingerückt und die Seitenwände hatten keine Schürzen mehr. Der Grundriss war um die Wagenmitte symmetrisch. Hier befand sich der Aussackraum mit Aussacktisch, Beutelspannvorrichtung, Abort, Ofen und Schrankwerk. Nach Zwischenwänden mit Schiebetüren schlossen sich nach jedem Wagenende hin ein Packraum und ein Vorraum an. Mehrere Wagen wurden nach Kriegsschadgruppen wieder aufgebaut (5334, 5342), hingegen musste der Wagen 5335 im Jahr 1947 zerlegt werden. Die Wagen 5336 und 5344 baute man behelfsmäßig in Alles-Bpw (früher: -bl) um, später wieder zurück in Päckerei-Bpw. Der Wagen 5345 gelangte in das Museum für Post und Kommunikation Nürnberg. Vorher diente er einem Postamt als Lagerraum. Die Wagen 5349 und 5350 nutzte die Militärregierung in der Nachkriegszeit.

Wagen-Nr(n) (bis 1967):	**5334…5352**
Wagen-Nr(n) (UIC):	**00-12 874–883**
Postinterne Nr. (PINT-Nr.):	
Übersichtsblatt-Nr.:	**Bl. 365**
Länge über Puffer:	**22 900 mm**
Länge des Wagenkastens:	**21 600 mm**
Höhe über SO:	**3 930 mm**
Drehzapfenabstand:	**15 500 mm**
Laufwerksbauart:	**Görlitz III schwer, BA 43**
Drehgestellachsabstand:	**3 600 mm**
Höchstgeschwindigkeit:	**120 km/h**
Bremse:	**Kksbr, H**
Heizung:	**Nuhz, (ElHz), Ohz**
Lüftung:	**stat.; BA Kuckuck**
Beleuchtung:	**El B**
Eigenmasse:	**35,8 t**
Lastgrenze (Tragfähigkeit):	**20,0 (21,0) t**
Anzahl der Briefräume:	
Anz. d. Briefverteilfächer:	
Anz. d. Grobverteilfächer:	
Anz. d. Beutelspannvorr.:	**2**
Anz. d. Pack-/Laderäume:	**2**
Anzahl der Rollbehälterstellplätze:	
Baujahr(e):	**1944**
Jahr(e) des Umbaus:	**1947…1951**
Ausmusterung:	**bis 1974**

DBP **Post -a/21** (Post 4(ü)-bII/21,6) **5356...5375**

Diese Wagen zählten zur schweren Bauart der windschnittigen Bpw. Sie entstanden in geschweißter Ganzstahlbauweise. Die Seitenwände hatten zwar noch Schürzen und das Dach Fenster über dem Briefraum, so entfielen doch bei einigen Wagen die Stirnwandübergänge aus Einsparungsgründen. Den Wagenkastenrohbau übernahm man ansonsten von den anderen Gattungen. Die Anordnung der Fenster und Türen war von der Gestaltung des Grundrisses abhängig. Der Briefraum befand sich in der Wagenmitte. Über ihm hatte das Dach 4 Fenster. Die Briefverteilfächer waren sowohl an den Seitenwänden als auch an einer Stirnwand verteilt. Der Aussackraum enthielt eine dreiteilige Beutelspannvorrichtung, einen Aussacktisch mit durchlöcherter Platte und Staubsammelkasten sowie Schrankwerk. An einer Seite schloss sich der Abort mit einem Vorraum an. Die nach beiden Wagenenden hin angrenzenden Packräume hatten auf jeder Wagenseite eine doppelflügelige Ladetür. Den Abschluss an den Wagenenden bildete je ein Vorraum, ebenfalls mit doppelflügeligen Ladetüren. In einem befand sich die Handbremse. Die Wagen 5356 und 5367 baute man nach Kriegsschadgruppen wieder auf.

Wagen-Nr(n) (bis 1967):	**5356...5375**
Wagen-Nr(n) (UIC):	**00-12 349–353**
Postinterne Nr. (PINT-Nr.):	
Übersichtsblatt-Nr.:	**Bl. 347**
Länge über Puffer:	**22 900 mm**
Länge des Wagenkastens:	**21 600 mm**
Höhe über SO:	**3 936,25 mm**
Drehzapfenabstand:	**15 500 mm**
Laufwerksbauart:	**Görlitz III schwer**
Drehgestellachsabstand:	**3 600 mm**
Höchstgeschwindigkeit:	**120 km/h**
Bremse:	**Kksbr, H**
Heizung:	**Nuhz, (ElHz), Ohz**
Lüftung:	**stat.**
Beleuchtung:	**El B**
Eigenmasse:	**38,6 t**
Lastgrenze (Tragfähigkeit):	**20,0 (21,0) t**
Anzahl der Briefräume:	**1**
Anz. d. Briefverteilfächer:	
Anz. d. Grobverteilfächer:	
Anz. d. Beutelspannvorr.:	
Anz. d. Pack-/Laderäume:	**1**
Anzahl der Rollbehälterstellplätze:	
Baujahr(e):	**1943–1944**
Jahr(e) des Umbaus:	
Ausmusterung:	**bis 1976**

DBP **Post -a(-b,-p)/21** (Post 4-a/21,6) **5601–5615**

Diese erste Serie an Neubauwagen entstand noch in Vorkriegskonstruktion, allerdings ohne Stirnwandübergänge. Die Wagen waren in geschweißter Ganzstahlbauweise gefertigt. Die Inneneinrichtung erfuhr noch keine grundsätzlichen Veränderungen, jedoch verlegte man das Wertverteilfachwerk aus dem Briefraum I in den Briefraum II. Die Fenster im Dach konnten durch Blechschieber geschlossen werden. Aus Mangel an ausreichend starken Generatoren behalf man sich mit zwei separaten Beleuchtungsanlagen mit je einem Generator der Type Dp 1. So erhielt die Glühlampenbeleuchtung ihre Elektroenergie über zwei getrennte Stromkreise. Ab dem Jahre 1959 wurden die meisten Fahrzeuge in Alles-Bpw umgebaut. Aus den Ersten drei entstanden Paket-Bpw. Dabei verkleinerte man den Einstiegraum am HBrE. Hinter einer Schiebetür schloss sich nunmehr ein 3,22 m langer Aussackraum an, der durch eine doppelte Schiebetür vom anschließenden Pack-raum getrennt war. In den Packraum wurde am NHBrE ein Teil der Grundfläche des Einstiegraums mit einbezogen. Für die Alles-Bpw entfernte man am NHBrE die Trennwand zwischen Stau- und Briefraum und baute beide zu einem Packraum um. Dabei ersetzte man die Beleuchtung mit Glühlampen durch eine mit sog. Kaltlichtleuchten.

Wagen-Nr(n) (bis 1967):	**5601–5615**
Wagen-Nr(n) (UIC):	**a: 00-12 224–232**
	b: 00-16 603–605
	p: 00-12 885–887
Postinterne Nr. (PINT-Nr.):	
Übersichtsblatt-Nr.:	**Bl. 401, 403 a, 403 b**
Länge über Puffer:	**22 900 mm**
Länge des Wagenkastens:	**21 600 mm**
Höhe über SO:	**3 935 mm**
Drehzapfenabstand:	**15 500 mm**
Laufwerksbauart:	**Görlitz III schwer**
Drehgestellachsabstand:	**3 600 mm**
Höchstgeschwindigkeit:	**120 km/h**
Bremse:	**Hikpbr, H**
Heizung:	**Nuhz, (Elhz), Ohz**
Lüftung:	**stat.; BA Kuckuck**
Beleuchtung:	**El B**
Eigenmasse:	**41,1 t**
Lastgrenze (Tragfähigkeit):	**20,0 t**
Anzahl der Briefräume:	**(2)**
Anz. d. Briefverteilfächer:	
Anz. d. Grobverteilfächer:	
Anz. d. Beutelspannvorr.:	
Anz. d. Pack-/Laderäume:	**(1)**
Anzahl der Rollbehälterstellplätze:	
Baujahr(e):	**1949**
Jahr(e) des Umbaus:	**1959...1965**
Ausmusterung:	**bis 1975**

DBP **Post -a(-p)/21** (Post 4(e)-a/21,6) **5616–5656**

Die zweite Serie an Neubauwagen entstand nach Prinzipien der windschnittigen Leichtbauwagen. Sie war zusammen mit der vorangegangenen Serie Gegenstand des Vertrages vom 11.08.48. Deshalb galten beide als Baureihe 1948. Diesmal baute man in den Seitenwänden anstelle der doppelten Drehtüren außen laufende Schiebetüren ein. Sie und einige Innentüren erhielten Sicherheitsschlösser. Die Gliederung des Grundrisses und die Inneneinrichtung entsprachen der 1. Neubau-Serie. Der Arbeitsbereich für nachzuweisende Sendungen erhielt erstmals eine abnehmbare Beutelspanne. Unter dem Aussacktisch befand sich auch erstmals ein Wärmeschrank. Die Bauart der Schiebetüren bewährte sich allerdings nicht. Deshalb erarbeitete die Hansa-Waggonbau GmbH in Bremen im Auftrag des PTZ das Projekt zum Umbau auf innen laufende Schiebetüren und die Umgestaltung des Wageninneren zum Alles-Bpw. Dabei ersetzte man die Glühlampenbeleuchtung ebenfalls durch Kaltlichtleuchten. Nur vom Wagen 5629 ist bisher der Umbau der Schiebetüren bekannt geworden. Einige Wagen wurden auch zu Päckerei-Bpw umgebaut. Den Wagen 5635 verkaufte die PV nach der Ausmusterung am 25. Februar 1981 an die Regentalbahn in Viechtach.

Wagen-Nr(n) (bis 1967):	**5616–5656**
Wagen-Nr(n) (UIC):	**a: 00-12 233–263**
	00-16 001–003
	p: 00-12 888–894
Postinterne Nr. (PINT-Nr.):	
Übersichtsblatt-Nr.:	**Bl. 403, 403c, 403d**
Länge über Puffer:	**22 900 mm**
Länge des Wagenkastens:	**21 600 mm**
Höhe über SO:	**3 955 mm**
Drehzapfenabstand:	**15 500 mm**
Laufwerksbauart:	**Görlitz III schwer**
Drehgestellachsabstand:	**3 600 mm**
Höchstgeschwindigkeit:	**120 km/h**
Bremse:	**Hikpbr, H**
Heizung:	**Nuhz, (Elhz), Ohz**
Lüftung:	**stat.; BA Kuckuck**
Beleuchtung:	**El B**
Eigenmasse:	**41,0...42,5 t**
Lastgrenze (Tragfähigkeit):	**20,0 t**
Anzahl der Briefräume:	**1**
Anz. d. Briefverteilfächer:	
Anz. d. Grobverteilfächer:	
Anz. d. Beutelspannvorr.:	
Anz. d. Pack-/Laderäume:	**1**
Anzahl der Rollbehälterstellplätze:	
Baujahr(e):	**1949–1950**
Jahr(e) des Umbaus:	**1959...1966**
Ausmusterung:	**bis 1981**

DBP **Post 2-a(-t)/13** (Post -b/13) **5669–5768**

Diese Wagen galten als erste Nachkriegskonstruktion und als Baureihe 1948. Sie waren für den Einsatz im Nahverkehr auf Nebenstrecken bestimmt. Der Rohbau als geschweißte Ganzstahlbauart enthielt Merkmale der windschnittigen Leichtbauweise. Dazu zählten die als Hohlträger ausgeführten äußeren Langträger, die auf sie stumpf aufgeschweißten Seitenwandsäulen, der Wellblechboden zur Diagonalversteifung des Untergestells sowie die äußere Verkleidung der Seitenwände mit 2 mm und die des Daches mit 1,25 mm dickem Blech. Die Ladetüren wurden erstmals als Schiebetüren ausgeführt, die eine lichte Öffnung von 935 mm frei gaben. Sie liefen in innen liegenden Türtaschen. Das Laufwerk erhielt ein neuartiges Federungssystem, das je Achslager aus einer Blatttragfeder und zwei Schraubenfedern bestand. Raumaufteilung und Inneneinrichtung entsprachen etwa den vierachsigen Wagen der Gattung -b/15. Auch erhielten sie noch Zeitungskästen. Der Aussacktisch und die Beutelspanne befanden sich ebenfalls noch im Briefraum. Neben drei festen Briefverteilfachwerken verfügten einige Wagen auch über ein schwenkbares. 26 Fahrzeuge erhielten zusätzlich elektrische Heizkörper. Die Dachlüfter waren gruppenweise je Raum bedienbar. Einige Wagen wurden in Transport-Bpw umgebaut.

Wagen-Nr(n) (bis 1967):	**5669–5768**
Wagen-Nr(n) (UIC):	**a: 00-11 001–063**
	00-21 001–008
	t: 00-11 751–777
	00-21 600
Postinterne Nr. (PINT-Nr.):	
Übersichtsblatt-Nr.:	**Bl. 407**
Länge über Puffer:	**14 300 mm**
Länge des Wagenkastens:	**13 000 mm**
Höhe über SO:	**3 985 mm**
Endachsabstand:	**8 500 mm**
Laufwerksbauart:	**Rathgeber**
Höchstgeschwindigkeit:	**100 km/h**
Bremse:	**Hik-GP, H**
Heizung:	**Nuhz, (Elhz), Ohz**
Lüftung:	**stat.; BA Kuckuck**
Beleuchtung:	**El B**
Eigenmasse:	**18,8 t (19,4 t)**
Lastgrenze (Tragfähigkeit):	**8,5 t**
Anzahl der Briefräume:	**1**
Anz. d. Briefverteilfächer:	**124**
Anz. d. Grobverteilfächer:	**4**
Anz. d. Beutelspannvorr.:	**6**
Anz. d. Pack-/Laderäume:	**1**
Anzahl der Rollbehälterstellplätze:	
Baujahr(e):	**1950–1951**
Jahr(e) des Umbaus:	**1967**
Ausmusterung:	**1969–78**

DBP **Post 2-t/11** (Post -c/11) **5769–5818**

Diese Wagen waren die 1. Serie der Nachkriegszeit in Güterwagenbauart. In traditioneller Bauweise verkleidete man das Wagenkastengerippe mit Brettern. Ursprünglich als Päckereiwagen konzipiert, rüstete man sie mit elektrischer Beleuchtung, Ofenheizung, einem Arbeitsplatz für den Wagenbegleiter, einem Kleiderschrank und Abort aus. Für die Belüftung trug das Dach zwei statische Lüfter der Bauart Kuckuck. Unter dem Staubrett zwischen den Ladetüren auf der BrZS war eine Beutelspannvorrichtung vorhanden. Ihr gegenüber befanden sich auf der NBrZS der Schalt- und der Werkzeugschrank. An den Wagenenden waren die Staubretter u-förmig von einer Seitenwand zur anderen angebracht. Zur Beförderung von Zeitungen erhielten sie Zeitungskeller. Die Wagen waren ebenfalls zweifach abgefedert. Die Handbremse konnte nur auf der offenen Bühne außerhalb des Wagenkastens bedient werden. Die Elektroenergie lieferte ein riemengetriebener Generator. Im Jahr 1966 ließ die Postverwaltung diese Fahrzeuge in Transport-Bpw umbauen. Dabei entfernte man auch die Beleuchtung und den Ofen. Noch brauchbare Wagen verkaufte die PV nach der Ausmusterung. So war ein Fahrzeug als Privatgüterwagen mit der Kennzeichnung DEW 61 noch im Jahr 2000 im Einsatz.

Wagen-Nr(n) (bis 1967):	**5769–5818**
Wagen-Nr(n) (UIC):	**00-11 600–649**
Postinterne Nr. (PINT-Nr.):	
Übersichtsblatt-Nr.:	**Bl. 409**
Länge über Puffer:	**12 400 mm**
Länge des Wagenkastens:	**11 000 mm**
Höhe über SO:	**4 090 mm**
Endachsabstand:	**7 700 mm**
Laufwerksbauart:	**Rathgeber**
Höchstgeschwindigkeit:	**100 km/h**
Bremse:	**Hikbr, H**
Heizung:	**Dhz, (ElHz), Ohz**
Lüftung:	**stat.; BA Kuckuck**
Beleuchtung:	**El B**
Eigenmasse:	**14,4 t**
Lastgrenze (Tragfähigkeit):	**13,0 t**
Anz. d. Beutelspannvorr.:	**1**
Anz. d. Pack-/Laderäume:	**1**
Anzahl der Rollbehälterstellplätze:	
Baujahr(e):	**1949–50**
Jahr(e) des Umbaus:	**1966**
Ausmusterung:	**bis 1978**

DBP **Post -a/21** (Post 4-bI/21,6) **5824–5854**

Nach einem einzelnen Wagen dieser Gattung für die damalige französische Besatzungszone folgte nun eine Serie, geliefert von zwei Herstellerfirmen. Sie galt als Baureihe 1950. Die windschnittigen Fahrzeuge unterschieden sich von ihren Vorgängern derselben Bauform hauptsächlich dadurch, dass sie keine Seitenwandschürzen hatten. Das Untergestell bestand aus Walzprofilen. Der Wagenkasten entstand in Stahlleichtbauweise. Das Dach enthielt über dem Brief- und dem Aussackraum Fenster. In den Seitenwänden und Türen waren die Fenster in verschiedenen Bauarten ausgeführt. Die Gestaltung des Grundrisses und der Inneneinrichtung entsprachen bisherigen Ausführungen. Neben der Dampfheizung wurden 8 Wagen mit elektrischer Heizung ausgerüstet. Darüber hinaus erhielten nachträglich einige Wagen Verbundheizung. Diese Wagen kamen mit einer Energieversorgungsanlage aus. Der Wagen 5835 erhielt neu gestaltete Seitenwände. Mit dem Austausch der Drehgestelle gegen solche der Bauart MD erfolgte gleichzeitig der Austausch des Generators, nunmehr kardangetrieben. Die DB kaufte einzelne Wagen und ließ sie in Bauzugwagen umbauen. Einen von ihnen erwarb ein Museumseisenbahn-Club. Ein Bpw dieser Bauart befindet sich bei einem Museumsbahnverein.

Wagen-Nr(n) (bis 1967):	**5824–5854**
Wagen-Nr(n) (UIC):	**00-12 265–291**
	00-10 003–004
Postinterne Nr. (PINT-Nr.):	
Übersichtsblatt-Nr.:	**Bl. 413**
Länge über Puffer:	**22 900 mm**
Länge des Wagenkastens:	**21 600 mm**
Höhe über SO:	**3 935 mm**
Drehzapfenabstand:	**15 500 mm**
Laufwerksbauart:	**Görlitz III schwer**
Drehgestellachsabstand:	**3 600 mm**
Höchstgeschwindigkeit:	**120 km/h**
Bremse:	**Hik-GPR, H**
Heizung:	**Nuhz, (Elhz), Ohz**
Lüftung:	**stat.: BA Kuckuck**
Beleuchtung:	**El B**
Eigenmasse:	**39,5 t**
Lastgrenze (Tragfähigkeit):	**20,0 t**
Anzahl der Briefräume:	**1**
Anz. d. Briefverteilfächer:	**208**
Anz. d. Grobverteilfächer:	**12**
Anz. d. Beutelspannvorr.:	**3+1[1]**
Anz. d. Pack-/Laderäume:	**1**
Anzahl der Rollbehälter-stellplätze:	
Baujahr(e):	**1950–1951**
Jahr(e) des Umbaus:	
Ausmusterung:	**bis 1977**

[1] im Briefraum eine weitere einsetzbare lose zweireihige Beutelspannvorrichtung

DBP **Post -a/21** (Post 4-bII/21,6) **5855–5859**

Zwar in derselben Bauweise und -form wie die vorangegangenen Wagen, aber mit abweichendem Grundriss entstanden diese Fahrzeuge. Der Brief-raum war in der Wagenmitte untergebracht. Seine öffnungsfähigen Fenster hatten jedes eine Ausgleicheinrichtung. Die Klappen zu den Zeitungskästen waren nur einseitig längs der Wagenmitte vorhanden. Der Wertschrank wurde hier noch neben dem Aussacktisch angeordnet. Zum NHBrE hin schloss sich ein Nebenraum mit Abort und Kleiderschrank an. Im Abort befand sich auch die Waschgelegenheit. Nach einer Trennwand mit Schiebetür folgte der Packraum I. Über den Ladetüren waren Gepäckraufen angebracht. Die Packbretter reichten bis zum Schutzraum, der mit zum Be- und Entladen genutzt werden konnte. Zum HBrE hin schloss sich an den Briefraum der Packraum II an. Er war wie der Packraum I eingerichtet. Allerdings trennte eine Zwischenwand mit doppelter Schiebetür den Schutzraum am HBrE ab. Trotzdem konnte er zum Laden mit genutzt werden, denn sämtliche Seitenwandtüren waren als doppelflügelige Drehtüren ausgeführt. Die Beleuchtung erhielt ihre Elektroenergie von einem riemengetriebenen Generator der Type Dp 1. Die Leuchten waren mit Glühlampen bestückt. Einige hatten Schutzkörbe.

Wagen-Nr(n) (bis 1967):	**5855–5859**
Wagen-Nr(n) (UIC):	**00-12 354–358**
Postinterne Nr. (PINT-Nr.):	
Übersichtsblatt-Nr.:	**Bl. 415**
Länge über Puffer:	**22 900 mm**
Länge des Wagenkastens:	**21 600 mm**
Höhe über SO:	**3 935 mm**
Drehzapfenabstand:	**15 500 mm**
Laufwerksbauart:	**Görlitz III schwer**
Drehgestellachsabstand:	**3 600 mm**
Höchstgeschwindigkeit:	**120 km/h**
Bremse:	**Hik-GPR, H**
Heizung:	**ElHz, Verbund**
Lüftung:	**stat.; BA Kuckuck**
Beleuchtung:	**El B**
Eigenmasse:	**39,7 t**
Lastgrenze (Tragfähigkeit):	**20,0 t**
Anzahl der Briefräume:	**1**
Anz. d. Briefverteilfächer:	
Anz. d. Grobverteilfächer:	
Anz. d. Beutelspannvorr.	**2**
Anz. d. Pack-/Laderäume:	**2**
Anzahl der Rollbehälter-stellplätze:	
Baujahr(e):	**1951**
Jahr(e) des Umbaus:	
Ausmusterung:	**bis 1976**

DBP **Post 2-a(-t)/13** (Post -b/13) **5902–5921**

Diese Wagen waren eine weitere Serie derselben Gattung der Baureihe 1948. Sie galten als Baureihe 1951, weil einige Änderungen vorgenommen wurden. So erhielten die Seitenwandfenster Klarsicht-Verbundglas-Scheiben mit Drahteinlage. Damit entfielen die Fenstergitter. Im Einstiegraum am HbrE befanden sich der Abort mit Waschgelegenheit und der Kleiderschrank. Durch eine seitliche Schiebetür gelangte man in den Briefraum. Alle Wagen besaßen ein schwenkbares Briefverteilfachwerk und nur eine einteilige, dreireihige Beutelspanne. Das Fachwerk über ihr entfiel. Die schmaler ausgeführte Beutelspanne bot somit Raum für zwei zusätzliche Reihen von Verteilfächern. In den Packraum gelangte man durch eine doppelte Schiebetür. Hier war die Paket- und Päckchenauflage von Seitenwand zu Seitenwand durchgehend mit je zwei Ladeluken versehen. Bei 8 Fahrzeugen führte man die Heizkörper als Verbundheizkörper derart aus, dass man unter den Radiatoren elektrische Heizstäbe anbrachte. Die Elektroenergie lieferte serienmäßig ein Generator der Type Dp 1. Die erzeugte Spannung regelte erstmals ein Kleinregler der Type KR 101. Die Anzahl der Soffittenlampen verringerte man auf zwei.
Einige Fahrzeuge wurden zu Transport-Bpw umgebaut. Der Wagen 5905 war zuletzt Standwagen.

Wagen-Nr(n) (bis 1967):	**5902–5921**
Wagen-Nr(n) (UIC):	**a: 00-11 064–076**
	00-21 009–010
	t: 00-11 778–782
Postinterne Nr. (PINT-Nr.):	
Übersichtsblatt-Nr.:	**Bl. 423**
Länge über Puffer:	**14 300 mm**
Länge des Wagenkastens:	**13 000 mm**
Höhe über SO:	**3 985 mm**
Endachsabstand:	**8 500 mm**
Laufwerksbauart:	**BA Rathgeber**
Höchstgeschwindigkeit:	**100 km/h**
Bremse:	**Hik-GP, H**
Heizung:	**Nuhz, (Verbund), Ohz**
Lüftung:	**stat.; BA Kuckuck**
Beleuchtung:	**El B**
Eigenmasse:	**19(,5) t**
Lastgrenze (Tragfähigkeit):	**8,0 t**
Anzahl der Briefräume:	**1**
Anz. der Briefverteilfächer:	**136**
Anz. d. Grobverteilfächer:	
Anz. d. Beutelspannvorr.:	**1**
Anz. d. Pack-/Laderäume:	**1**
Anzahl der Rollbehälterstellplätze:	
Baujahr(e):	**1951**
Jahr(e) des Umbaus:	**1967**
Ausmusterung:	**bis 1978**

DBP **Post -a/21** (Post 4-a/21,6) **5922–5926**

Diese Wagen galten als Baureihe 1951.Von ihnen gab es nur 5 Fahrzeuge. Ihre Wagenkästen waren noch windschnittig ausgeführt. Neben den bewährten Schiebetüren als Ladetüren verwandte man erstmals Übersetzfenster mit Fensterscheiben aus Verbundglas mit waagerechten Drahteinlagen. Dadurch konnten die Fenstergitter entfallen. Die Seitenwandfenster in den Arbeitsräumen waren noch mit Rollvorhängen ausgestattet. Das Wageninnere enthielt zwei Briefräume und dazwischen einen Aussackraum. Im Vorraum am HBrE waren ein WC mit Waschgelegenheit und der Kleiderschrank mit Frühstücksfach untergebracht. Die fest eingebauten Fachwerke enthielten einen verschließbaren Bereich. An Beutelspannen waren drei verschiedene Arten vorhanden. Im Aussackraum wurde der Aussacktisch gegenüber der Beutelspannvorrichtung angeordnet. Zu dieser Zeit erfolgte die Beleuchtung noch mit Glüh- und Sofittenlampen. Allerdings baute man bei diesen Wagen erstmals leistungsstärkere Generatoren ein, die Type D 85 K. Im Jahr 1964 wurden diese Fahrzeuge zu Alles-Bpw umgebaut. Aus dem Briefraum II und dem Vorraum am NHBrE entstand der Packraum. Die Beleuchtung erfolgte nunmehr mit Leuchtstofflampen. Die Wagen 5923 und 5925 wurden an die DB verkauft.

Wagen-Nr(n) (bis 1967):	**5922–5926**
Wagen-Nr(n) (UIC):	**00-12 292–296**
Postinterne Nr. (PINT-Nr.):	
Übersichtsblatt-Nr.:	**Bl. 425**
Länge über Puffer:	**22 900 mm**
Länge des Wagenkastens:	**21 600 mm**
Höhe über SO:	**4 080 mm**
Drehzapfenabstand:	**15 500 mm**
Laufwerksbauart:	**MD 50**
Drehgestellachsabstand:	**2 500 mm**
Höchstgeschwindigkeit:	**120 km/h**
Bremse:	**Hikss-GPS (SS), H**
Heizung:	**Verbund, Ohz**
Lüftung:	**stat.; BA Kuckuck**
Beleuchtung:	**El B**
Eigenmasse:	**30,6 t**
Lastgrenze (Tragfähigkeit):	**20,0 t**
Anzahl der Briefräume:	**2 (1)**
Anz. d. Briefverteilfächer:	
Anz. d. Grobverteilfächer:	**12**
Anz. d. Beutelspannvorr.:	**3**
Anz. d. Pack-/Laderäume:	**(1)**
Anzahl der Rollbehälterstellplätze:	
Baujahr(e):	**1952–1953**
Jahr(e) des Umbaus:	**1963–1964**
Ausmusterung:	**bis 1975**

DBP **Post -a/21** (Post 4-bI/21,6) **5927–5957**

Diese Wagen galten als weitere Gattung der Baureihe 1951. Sie waren von jeher als Alles-Bpw eingerichtet und entstanden ebenfalls in Stahlleichtbauweise. Die Wagenenden waren windschnittig ausgebildet. Die Fenster erhielten Klarsicht-Verbundglas-Scheiben mit Drahteinlage. Ihr beweglicher oberer Teil schob sich beim Öffnen innen vor den festen unteren Teil. Als Ladetüren setzte man wiederum Schiebetüren ein. Vom HBrE her war der Grundriss derart gegliedert, dass sich dort im Vorraum ein WC mit Waschgelegenheit und ein Kleiderschrank befanden. Durch eine seitliche Schiebetür gelangte man in den Briefraum. Vor diese konnte ein beweglicher Teil des Briefverteilfachwerks geschwenkt werden. Unter zwei Übersetzfenstern und vor den Ladetüren waren Klapptische angebracht. Der Aussackraum schloss sich ohne Zwischenwand an. Der Packraum war durch eine doppelte Schiebetür erreichbar. Ursprünglich wurden die Räume mit Glühlampen beleuchtet. Einige Wagen rüstete man auf Leuchtstofflampen um. Weiterhin wurden in einigen Wagen die vorhandenen Heizkörper durch modernere Verbundheizkörper ersetzt. Die DB kaufte ab 1975 mehrere Fahrzeuge und ließ diese in Bahndienstwagen umbauen. Der Wagen 5944 wurde bei einem Eisenbahnbetriebsunfall zerstört.

Wagen-Nr(n) (bis 1967):	**5927–5957**
Wagen-Nr(n) (UIC):	**00-12 297–327**
Postinterne Nr. (PINT-Nr.):	
Übersichtsblatt-Nr.:	**Bl. 427**
Länge über Puffer:	**22 900 mm**
Länge des Wagenkastens:	**21 600 mm**
Höhe über SO:	**4 080 mm**
Drehzapfenabstand:	**15 500 mm**
Laufwerksbauart:	**MD 50**
Drehgestellachsabstand:	**2 500 mm**
Höchstgeschwindigkeit:	**120 km/h**
Bremse:	**Hikss, H**
Heizung:	**Dhz, ElHz, (Verbund), Ohz**
Lüftung:	**stat.; BA Kuckuck**
Beleuchtung:	**El B**
Eigenmasse:	**30,3 t**
Lastgrenze (Tragfähigkeit):	**20,0 t**
Anzahl der Briefräume:	**1**
Anz. d. Briefverteilfächer:	**217**
Anz. d. Grobverteilfächer:	**12**
Anz. d. Beutelspannvorr.:	**3**
Anz. d. Pack-/Laderäume:	**1**
Anzahl der Rollbehälter-stellplätze:	
Baujahr(e):	**1952–1953**
Jahr(e) des Umbaus:	
Ausmusterung:	**bis 1977**

DBP **Post 2-a/14** (Post -b/14,5) **5988–5999**

Diese Wagen sollten den Bpw -a/15 ablösen. Neben wirtschaftlichen Gründen bestand auch die Forderung nach breiteren Ladetüren zum Be- und Entladen mit Rollbehältern. Deshalb entschied sich das PTZ für eine Neukonstruktion. Diese Fahrzeuge galten als Baureihe 1953. Ihr Wagenkasten entstand in Stahlleichtbauweise. Dabei entfielen auch hier die Dachfenster und Zeitungskästen. Für diese Wagen wurde ein spezielles Laufwerk entwickelt, bei dem Doppelschakengehänge den Schwingmetallkörper mit den Schraubenfedern verbanden. Im Briefraum war der begehbare Bereich des Fußbodens als schwimmender Fußboden ausgebildet, d. h. die Fußbodenplatten waren auf einem Glasfaserpolster verlegt. Die übrige Inneinrichtung entsprach den neuesten 4-achsigen Bpw. Zur Entlüftung der Räume waren auf dem Dach 6 Lüfter der Bauart Kuckuck angeordnet. Der erste Wagen erhielt eine Leuchtstofflampenbeleuchtung, während bei den übrigen nochmals Glühlampen eingesetzt wurden. Weiterhin wurde er mit einer Hubeinrichtung zum Be- und Entladen mit textilen Behältern ausgerüstet, deren Motoren mit Batteriestrom betrieben werden konnten. Die Bpw 5998–5999 besaßen eine Webasto-Luftheizung. Die Wagen 5990, 5996 und 5997 baute man in Transport-Bpw um, ohne Änderung des Gattungszeichens.

Wagen-Nr(n) (bis 1967):	**5988–5999**
Wagen-Nr(n) (UIC):	**00-11 110–121**
Postinterne Nr. (PINT-Nr.):	
Übersichtsblatt-Nr.:	**Bl. 443, 445**
Länge über Puffer:	**15 260, 15 330 mm**
Länge des Wagenkastens:	**14 500 mm**
Höhe über SO:	**3 985 mm**
Endachsabstand:	**8 800 mm**
Laufwerksbauart:	**BA Rathgeber**
Höchstgeschwindigkeit:	**100 km/h**
Bremse:	**Hikp-GP, H**
Heizung:	**Nuhz, Ohz, (Lhz), Verbund**
Lüftung:	**stat.; BA Kuckuck**
Beleuchtung:	**El B**
Eigenmasse:	**18,35 t**
Lastgrenze (Tragfähigkeit):	**10,0 t**
Anzahl der Briefräume:	**1**
Anz. d. Briefverteilfächer:	
Anz. d. Grobverteilfächer:	
Anz. d. Beutelspannvorr.:	**2**
Anz. d. Pack-/Laderäume:	**1**
Anzahl der Rollbehälterstellplätze:	
Baujahr(e):	**1953–1954**
Jahr(e) des Umbaus:	**1962, 1973**
Ausmusterung:	**bis 1977**

DBP **Post m-b/26** (Post 4mf-a/26) **6000**

Dieser Wagen war der Erste einer neuen Generation von Bpw. Er hatte erstmals eine Wagenkastenlänge von 26,1 m. Er war in einer damals neuartigen Stahlleichtbauweise gebaut und gleichzeitig mit Wendezugsteuerabteilen ausgerüstet. Die Stirnwände des Wagenkastens führte man bis auf 150 mm an die Stoßebene der Puffer heran. Deshalb erhielten sie unterhalb der Fenster ein Nische für den Rangierer, den Berner Raum. Darüber hinaus waren die Stirnwände vorbereitet für den Einbau eines Übergangs. Die Schiebetüren in den Seitenwänden bestanden aus Leichtmetall. An jedem Wagenende befand sich ein Vorraum, die je ein Steuer- und ein Begleiterabteil erhielten. Am HBrE kamen noch das WC und der Kleiderschrank hinzu. Zur Wagenmitte hin schlossen sich je ein Briefraum an. Zwischen beiden befand sich der Aussackraum. Zur Heizung, Entlüftung sowie Entstaubung verwendete man erstmals eine Luftheizungsanlage der Bauart Hagenuk, hier speziell mit Warmwasserlufterhitzer. Zusätzlich erhielt sie eine Ölfeuerung anstelle des Kohleofens. Der Wagen stand 1953 auf der Deutschen Verkehrsausstellung in München im Post-Schnellzug. Später baute man die Steuer- und Begleiterabteile aus. Nach der Ausmusterung des Wagens erwarb ihn die Fa. Apfelpfeil.

Wagen-Nr(n) (bis 1967):	**6000**
Wagen-Nr(n) (UIC):	**00-13 600**
Postinterne Nr. (PINT-Nr.):	**52 201**
Übersichtsblatt-Nr.:	**Bl. 431**
Länge über Puffer:	**26 400 mm**
Länge des Wagenkastens:	**26 100 mm**
Höhe uber SO:	**4 050 mm**
Drehzapfenabstand:	**19 000 mm**
Laufwerksbauart:	**MD**
Drehgestellachsabstand:	**2 500 mm**
Höchstgeschwindigkeit:	**120 km/h**
Bremse:	**KE-GP, H**
Heizung / Lüftung:	**Lhzdöe**
Beleuchtung:	**El B**
Eigenmasse:	**37,8 t**
Lastgrenze (Tragfähigkeit):	**20,0 t**
Anzahl der Briefräume:	**2**
Anz. d. Briefverteilfächer:	**473+48**
Anz. d. Grobverteilfächer:	**12**
Anz. d. Beutelspannvorr.:	**4**
Anzahl der Rollbehälterstellplätze:	
Baujahr(e):	**1953**
Jahr(e) des Umbaus:	**1955**
Ausmusterung:	**1976**

DBP **Post m-b/26** (Post 4m-a/26) **6001...6037**

Die übrigen Fahrzeuge dieser Gattung der Baureihe 1952/53 waren posttechnisch gleichermaßen ausgerüstet wie der 1. Wagen mit Steuerabteilen. Das traf auch für die 2. Serie von 4 Wagen zu. Der Zuwachs an Wagenlänge kam hauptsächlich den Stapelräumen zugute, weil hier der Raumbedarf für die Steuerabteile berücksichtigt wurde. In den Briefräumen betrug die lichte Weite der Ladeöffnungen nunmehr 1 000 mm. Die Inneneinrichtung war in Holzleichtbauweise gefertigt, außen Balsa- und innen Sperrholz. Es konnten neben den festen und beweglichen Briefverteilfachwerken auch lose vor den Fenstern eingesetzt werden. Der Aussackraum befand sich in der Wagenmitte. Eine Trennung von den Briefräumen durch Zwischenwände mit Türen erfolgte nicht. Die Beleuchtung der Räume erfolgte anfangs mit Glühlampen. Später wurde sie auf Leuchtstofflampen umgestellt. Für die Beheizung ersetzte man die Verbundheizkörper durch Luftaustrittsöffnungen der Luftheizung, aber als Standheizung blieb der Kohleofen. Bei einigen Wagen erneuerte man die Heizungs- und Lüftungsanlage. Dabei ergänzte man den Ölfeuerungsteil. Je eine Stromversorgungsanlage speiste die Beleuchtung und die Luftheizung. Nach der Ausmusterung wurden mehrere Wagen verkauft.

Wagen-Nr(n) (bis 1967):	**6001...6037**
Wagen-Nr(n) (UIC):	**00-13 601–613**
Postinterne Nr. (PINT-Nr.):	**52 202-210**
	53 201-204
Übersichtsblatt-Nr.:	**Bl. 433**
Länge über Puffer:	**26 400 mm**
Länge des Wagenkastens:	**26 100 mm**
Höhe über SO:	**4 050 mm**
Drehzapfenabstand:	**19 000 mm**
Laufwerksbauart:	**MD**
Drehgestellachsabstand:	**2 500 mm**
Höchstgeschwindigkeit:	**120 km/h**
Bremse:	**Hik-GPR, H**
Heizung / Lüftung:	**Lhzde(ö), Ohz**
Beleuchtung:	**El B**
Eigenmasse:	**35,7 t**
Lastgrenze (Tragfähigkeit):	**20,0 t**
Anzahl der Briefräume:	**2**
Anz. d. Briefverteilfächer:	**473+48[1]**
Anz. d. Grobverteilfächer:	**12**
Anz. d. Beutelspannvorr.:	**4**
Anzahl der Rollbehälter-stellplätze:	
Baujahr(e):	**1952–1953**
Jahr(e) des Umbaus:	
Ausmusterung:	**bis 1978**

[1] in zwei losen Briefverteilfachwerken

DBP **Post m-p/26** (Post 4m(f)-c/26) **6020–6033**

Diese Fahrzeuge entsprachen der dritten und letzten Gattung der Baureihe 1952/53. Auch von ihnen wurde der erste Wagen mit Steuerabteilen in der bereits beschriebenen Form ausgerüstet. Bei den übrigen Wagen bezog man diese Räume am HBrE in den Einstiegraum und am NHBrE in den Packraum ein. Der Wagenkastenrohbau entsprach im Prinzip dieser Baureihe. Aufgrund der neuartigen Gestaltung des Grundrisses konnte am HBrE auf der NBrZS ein Fenster entfallen. Sie war damit ähnlich der eines vierachsigen Reisezug-Gepäckwagens. Das WC war im Aussackraum angeordnet und von dort aus auch erreichbar. Hier befanden sich weiterhin ein Aussack- und Sortiertisch, ein festes Briefverteilfachwerk sowie ein Fachwerk für Grobsendungen über der Beutelspanne. Im Packraum stützten sich die Packbretter auf Rohr- und Holzwände. Die unterschiedlichen Beleuchtungsarten wurden auch bei dieser Gattung bei den Wagen mit und ohne Steuerabteil angewendet. Die ursprünglichen Generatoren tauschte man bei einigen Wagen gegen leistungsstärkere aus (D 100 K oder D 120 K). Die Steuerabteile für den Wendezugbetrieb wurden im Jahr 1955 ausgebaut. Gleichzeitig erhielt dieser Wagen Stirnwandübergänge. Den Wagen 6040 kauften die Eisenbahnfreunde Kaufbeuren.

Wagen-Nr(n) (bis 1967):	**6020–6033**
Wagen-Nr(n) (UIC):	**00-13 800–813**
Postinterne Nr. (PINT-Nr.):	**52 301-310**
	53 301-304
Übersichtsblatt-Nr.:	**Bl. 439, 441**
Länge über Puffer:	**26 400 mm**
Länge des Wagenkastens:	**26 100 mm**
Höhe über SO:	**4 050 mm**
Drehzapfenabstand:	**19 000 mm**
Laufwerksbauart:	**MD**
Drehgestellachsabstand:	**2 500 mm**
Höchstgeschwindigkeit:	**120 km/h**
Bremse:	**Hik-GPR, H**
Heizung:	**Nuhz, Elhz, Verbund**
Lüftung:	**stat.; BA Kuckuck**
Beleuchtung:	**El B**
Eigenmasse:	**32,5 t**
Lastgrenze (Tragfähigkeit):	**24,0 t**
Anz. d. Briefverteilfächer:	**12**
Anz. d. Grobverteilfächer:	**6**
Anz. d. Beutelspannvorr.:	**2**
Anz. d. Pack-/Laderäume:	**1**
Anzahl der Rollbehälterstellplätze:	
Baujahr(e):	**1953**
Jahr(e) des Umbaus:	**1955**
Ausmusterung:	**bis 1978**

DBP **Post mr-a/26** (Post 4mg-bI/26) **6042–6101**

Diese Wagen galten als Baureihe 1954. Sie wurden in mehreren Serien bestellt. Ihr auffälligster Unterschied zu ihren Vorgängern waren ihre Stirnwandübergänge. Sie entsprachen der Bauart der DB und wurden mit Rolltüren geschlossen. Die Außenschiebetüren waren nunmehr ganz aus Leichtmetall. Die Inneneinrichtung zur Bearbeitung der Postsendungen blieb im Wesentlichen unverändert. Die Beleuchtung sämtlicher Räume erfolgte jetzt mit Leuchtstofflampen. Dafür bekamen die Wagen Turbowechselrichter und Einheitsleuchten mit Plexiglaswanne und Glimmstarterzündung. Die ersten 19 Wagen erhielten Verbund- und Ofenheizung. Beim Wagen Nr. 6061 traten an deren Stelle eine Luft- und eine Ölheizung. Die anschließenden 20 Fahrzeuge stattete man mit Luft- und Ofenheizung aus. Dabei wurden auch Anlagen des Systems Pintsch Bamag neben denen der Fa. Hagenuk einbezogen. Die letzte Serie dieser Gattung erhielt wiederum Verbund- und Ofenheizung. Die gesamte Baureihe wurde mit der ersten Bauform der KE-Bremse anstelle der bisherigen Bauart ausgerüstet. Bei einigen Wagen wurde die ursprüngliche Lhz-Anlage erneuert. Dabei erhielt sie die u. a. elektrische Heizölvorwärmung. Die Wagen wurden bis auf einen alle verkauft. Dieser kam in den Bestand des Postmuseums.

Wagen-Nr(n) (bis 1967):	6042–6101
Wagen-Nr(n) (UIC):	00-43 001–054
	00-39 001–006
Postinterne Nr. (PINT-Nr.):	54 101-160
Übersichtsblatt-Nr.:	Bl. 451, 453, 455
Länge über Puffer:	26 400 mm
Länge des Wagenkastens:	26 100 mm
Höhe über SO:	4 050 mm
Drehzapfenabstand:	19 000 mm
Laufwerksbauart:	MD
Drehgestellachsabstand:	2 500 mm
Höchstgeschwindigkeit:	120, 140 km/h
Bremse:	KE-GPR-A, H
Heizung:	(Nuhz, Elhz) (Lhzde(ö))
Lüftung:	(stat.; BA Kuckuck)
Beleuchtung:	El B
Eigenmasse:	34,6 t
Lastgrenze (Tragfähigkeit):	20,0 t
Anzahl der Briefräume:	1
Anz. d. Briefverteilfächer:	216+24[1]
Anz. d. Grobverteilfächer:	14
Anz. d. Beutelspannvorr.:	4
Anz. d. Pack-/Laderäume:	1
Anzahl der Rollbehälterstellplätze:	
Baujahr(e):	1954–1955
Jahr(e) des Umbaus:	1968...1970
Ausmusterung:	bis 1997

[1] im losen Briefverteilfachwerk

DBP **Post 2-a/14** (Post -b/14,5) **6122...6376**

Das PTZ vereinbarte im Jahr 1954 eine weitere Lieferung von zweiachsigen Alles-Bpw. Diese Serie von 102 Fahrzeugen galt als Baureihe 1954. Ihr Grundkonzept stützte sich auf das der Baureihe 1953. Allerdings nahm man einige technische Aktualisierungen vor. Durch konsequenten Form- und Stoffleichtbau lag die Eigenmasse noch unter der der Gattung Post 2-a/13. Gleichzeitig konnte die Lastgrenze auf 10,0 t angehoben werden. Die Schiebetüren im Packraum gaben nunmehr eine lichte Öffnung von 1100 mm frei. Im Briefraum erhöhte man die Anzahl der Briefverteilfächer auf 166. Man nahm noch weitere Detailverbesserungen vor, z. B. Abrundung der vorderen Schrankecke im Einstiegraum und höher gesetzte Packbretter, um Rollbehälter darunterstellen zu können. Des Weiteren beleuchtete man jetzt die Räume mit Niederspannungs-Leuchtstoffröhren. Die Elektroenergie erzeugte ein Gleichstromgenerator des Bauart Dg 100. Die bisherige Bauart der Druckluftbremse ersetzte man jetzt durch die der KE-Bremse. Im Jahr 1956 lieferte der Waggonbau nochmals zwei Fahrzeuge (Nr. 6375 und 6376). Sie waren ursprünglich für die Post- und Telegrafenverwaltung des Saarlandes bestimmt. Einige Fahrzeuge wurden nach ihrer Ausmusterung verkauft, drei nutzte noch man als Standwagen.

Wagen-Nr(n) (bis 1967):	**6122...6376**
Wagen-Nr(n) (UIC):	**00-11 122–215**
Postinterne Nr. (PINT-Nr.):	
Übersichtsblatt-Nr.:	**Bl. 459**
Länge über Puffer:	**15 260 mm**
Länge des Wagenkastens:	**14 500 mm**
Höhe über SO:	**3975,25 mm**
Endachsabstand:	**8 800 mm**
Laufwerksbauart:	**Rathgeber**
Höchstgeschwindigkeit:	**100 km/h**
Bremse:	**KE-GP, H**
Heizung:	**E-Nuhz, Elhz, Ohz**
Lüftung:	**stat.; BA Kuckuck**
Beleuchtung:	**El B**
Eigenmasse:	**18,5 t**
Lastgrenze (Tragfähigkeit):	**10,0 t**
Anzahl der Briefräume:	**1**
Anz. d. Briefverteilfächer:	**166**
Anz. d. Grobverteilfächer:	**4**
Anz. d. Beutelspannvorr.:	**2**
Anz. d. Pack-/Laderäume:	**1**
Anzahl der Rollbehälterstellplätze:	
Baujahr(e):	**1954–1955**
Jahr(e) des Umbaus:	
Ausmusterung:	**bis 1985**

DBP **Post 2-p/13** (Post -c/13) **6214–6253**

Diese Wagen waren die letzte Bauart dieser Gattung in konventioneller Bauweise. Sie galten auch als Baureihe 1954. Von den Hauptabmessungen des Grundrisses und der Bauart der Laufwerke entsprachen sie den Fahrzeugen der Gattung 2-a/13 der Baureihe 1948. Für den Wagenkasten-Rohbau in Stahlleichtbauweise sowie für die Türen und Fenster verwendete man die Konstruktionen der Wagen der Gattung 2-a/14,5. Weil der Packraum keine Zwischenwände aufwies, musste der Wagenkasten in Höhe der Seitenwandobergurte durch Spannbänder versteift werden. Vom HBrE her war der Innenraum gegliedert in Einstieg-, Aussack- und Packraum. Vom Einstiegraum aus war das WC erreichbar. An der Wagenstirnwand des Einstiegraums war eine Beutelspanne für Päckchensäcke angebracht. Im Aussackraum befanden sich neben dem WC ein klappbares Waschbecken, der Ofen und der Kleiderschrank. Ihnen gegenüber waren der Aussacktisch, eine Beutelspanne und ein kleines Fachwerk angeordnet. Im Packraum trugen Rohrstützwände die Packbretter an den Wagenseitenwänden, an der Stirnwand waren sie hoch klappbar. Die Beleuchtung sämtlicher Räume erfolgte mit Glühlampen. Die Elektroenergie erzeugte ein Generator der Bauart Ds 50. Einige Wagen wurden zu Transport-Bpw umgebaut.

Wagen-Nr(n) (bis 1967):	**6214–6253**
Wagen-Nr(n) (UIC):	**00-11 800–839**
Postinterne Nr. (PINT-Nr.):	
Übersichtsblatt-Nr.:	**Bl. 457**
Länge über Puffer:	**14 240 mm**
Länge des Wagenkastens:	**13 000 mm**
Höhe über SO:	**4 004 mm**
Endachsabstand:	**8 500 mm**
Laufwerksbauart:	**BA Rathgeber**
Höchstgeschwindigkeit:	**100 km/h**
Bremse:	**KE-GP, H**
Heizung:	**E-Nuhz, Elhz, Ohz**
Lüftung:	**stat.; BA Kuckuck**
Beleuchtung:	**El B**
Eigenmasse:	**17,0 t**
Lastgrenze (Tragfähigkeit):	**13,0 t**
Anz. d. Grobverteilfächer:	**2**
Anz. d. Beutelspannvorr.:	**1**
Anz. d. Pack-/Laderäume:	**1**
Anzahl der Rollbehälterstellplätze:	
Baujahr(e):	**1954–1955**
Jahr(e) des Umbaus:	**1973**
Ausmusterung:	**bis 1978**

DBP **Post mr-p/26** (Post 4mg-c/26) **6254–6265**

Im Jahr 1955 bestellte das PTZ eine weitere Serie von Päckerei-Bpw. Sie galten als Baureihe 1955. Der auffälligste Unterschied zu den Vorgängern der Baureihe 1952/53 bestand in den Stirnwandübergängen mit Rolltüren. Detailverbesserungen des Wagenkastens bestanden u. a. darin, dass die Stahlbleche für die Außenbeblechung einen Kupferzusatz zur Verringerung der Korrosionsanfälligkeit erhielten. Die Ladetüren wurden in verstärkter geschweißter Leichtmetallbauweise ausgeführt und bekamen Notausstiegfenster. Weiterhin vereinfachte man die Türschlösser und verbesserte die Sperr-Riegel und Überleger. Im Arbeitsraum verringerte man die Anzahl der Briefverteilfächer auf sechs. Der Fußboden im Packraum bestand nunmehr aus hochfesten Pitchpine-Brettern. Während der Versuche mit Rollbehältern brachte man die Packbretter höher an. Danach setzte man sie wieder tiefer. Die Beleuchtung sämtlicher Räume erfolgte nunmehr mit Leuchtstofflampen. Die Elektroenergie lieferte ein Gleichstromgenerator der Bauart D 120 K. Als Druckluftbremse verwendete man die Übergangsform 2 der KE-Bremse. Ihre zwei Bremszylinder hingen am Untergestell. Doppelbremsklötze übertrugen die Bremskräfte auf die Räder. Im Jahr 1987 kaufte die DP die meisten dieser Wagen.

Wagen-Nr(n) (bis 1967):	**6254–6265**
Wagen-Nr(n) (UIC):	**00-13 814–825**
	nach Umzeichnung:
	00-33 801 – 812
Postinterne Nr. (PINT-Nr.):	**55 301-312**
Übersichtsblatt-Nr.:	**Bl. 469**
Länge über Puffer:	**26 400 mm**
Länge des Wagenkastens:	**26 100 mm**
Höhe über SO:	**4 050 mm**
Drehzapfenabstand:	**19 000 mm**
Laufwerksbauart:	**MD**
Drehgestellachsabstand:	**2 500 mm**
Höchstgeschwindigkeit:	**120, 140 km/h**
Bremse:	**KE-GPR, H**
Heizung:	**E-Nuhz, Elhz, Ohz**
Lüftung:	**stat.; BA Kuckuck**
Beleuchtung:	**El B**
Eigenmasse:	**33,0 t**
Lastgrenze (Tragfähigkeit):	**24,0 t**
Anz. d. Briefverteilfächer:	**6**
Anz. d. Grobverteilfächer:	**6**
Anz. d. Beutelspannvorr.:	**2**
Anz. d. Pack-/Laderäume:	**1**
Anzahl der Rollbehälterstellplätze:	
Baujahr(e):	**1956–1957**
Jahr(e) des Umbaus:	
Ausmusterung:	**bis 1991**

DBP **Post mr-a/26** (Post 4mg-bI/26) **6266–6337**

Der Vertrag von 1955 sah mehrere Aufträge zur Lieferung von Alles-Bpw vor. Sie alle galten als Baureihe 1955. Während der allgemeine Entwicklungsstand des Wagenkasten-Rohbaus und anderer Hauptbaugruppen beibehalten wurde, kombinierte man unterschiedlich die Verbund- und die Luftheizung mit der Ofenheizung. Diese Kombinationen wurden durch die voneinander abweichenden Anzahlen von statischen Lüftern der Bauart Kuckuck auf dem Dach erkennbar. Mit einer Serie mit Verbundheizung beginnend, wechselten dann die Serien zur Luftheizung und wieder zur Verbundheizung. Die Luftheizungen waren mit der Entstaubungsanlage kombiniert. An den Ladetüren setzte man die Zollösen tiefer und befestigte sie kräftiger. Weiterhin vereinfachte man die Türschlösser und verbesserte die Sperr-Riegel und Überleger, um ungewollte Selbstsperrungen zu verhindern. Ab 1971 erfolgte der Umbau der Bremse. Die bisherige Anlage wurde durch eine lastabhängige KE-Bremse mit Gleitschutz- und Achslagerbremsdruckregler ersetzt. Damit betrug die zulässige Höchstgeschwindigkeit 140 km/h. Den Wagen 6277 rüstete man im Jahr 1960 mit einer Zugfunk-Sprechanlage aus. Der Versuch endete 1966. Nach der Ausmusterung gab die PV die Wagen ab oder verkaufte sie an verschiedene Interessenten.

Wagen-Nr(n) (bis 1967):	**6266–6337**
Wagen.Nr(n) (UIC):	**00-13 015–086**
	nach Umbau:
	00-43 121...192
	00-33 002...098
Postinterne Nr. (PINT-Nr.):	**55 101-172**
Übersichtsblatt-Nr.:	**Bl. 465, 467**
Länge über Puffer:	**26 400 mm**
Länge des Wagenkastens:	**26 100 mm**
Höhe über SO:	**4 050 mm**
Drehzapfenabstand:	**19 000 mm**
Laufwerksbauart:	**MD**
Drehgestellachsabstand:	**2 500 mm**
Höchstgeschwindigkeit:	**120, 140 km/h**
Bremse:	**KE-GPR-A**
Heizung:	**E-Nuhz, Lhzde**
Lüftung:	**stat.; BA Kuckuck**
Beleuchtung:	**El B**
Eigenmasse:	**34,2...35,6 t**
Lastgrenze (Tragfähigkeit):	**25,0 (26,5) t**
Anzahl der Briefräume:	**1**
Anz. der Briefverteilfächer:	**240**
Anz. d. Grobverteilfächer:	**14**
Anz. d. Beutelspannvorr.:	**2**
Anz. der Pack-/Laderäume:	**1**
Anzahl der Rollbehälter-stellplätze:	
Baujahr(e):	**1956–1957**
Jahr(e) des Umbaus:	**ab 1971**
Ausmusterung:	**bis 1997**

DBP **Post mr-a(-b)/26** (Post 4mg-a/26) **6338–6374**

Die dritte Gattung der Baureihe 1955 waren diese Brief-Bpw. Der Rohbau ihrer Wagenkästen entsprach dem der übrigen Gattungen. Das traf auch für viele Teile der Inneneinrichtung zu. Die zwei Waschbecken im WC wurden beibehalten. Die Waschtische fertigte man nunmehr aus nicht rostendem Stahl. Der Kleiderschrank wurde vergrößert und ein Zweiter in einem Vorraum angeordnet. Alle Fahrzeuge erhielten eine Luftheizung, die mit der Entstaubungsanlage kombiniert war. Variationen gab es nur noch in der Standheizung: Ofen- oder Ölheizung. Bei einigen Wagen baute man die Heizung und Lüftung derart um, dass sie vom Gesamtaufbau einschließlich der Steuer- und Regeltechnik dem der Bpw der Baureihe 1967 entsprach. Die Öfen sollten gegen eine Ölfeuerung getauscht werden. Der ursprünglich eingebaute Gleichstromgenerator zur Stromversorgung wurde bei den meisten Wagen durch einen leistungsstärkeren ausgetauscht. Ihr Antrieb erfolgte über ein Kegelradgetriebe und eine Gummigelenkwelle. Die Spannung regelte ein sog. Kleinregler (z.B. ZR 50s 150). Ab 1971 wurden die Bremsanlagen auch dieser Wagen auf lastabhängige KE-Bremsen umgerüstet. Die meisten Wagen wurden verkauft (6338–6341; 6345; 6349–6374; z.B. 6366 an die DP), die Übrigen abgegeben.

Wagen-Nr(n) (bis 1967):	**6338–6374**
Wagen-Nr(n) (UIC):	**00-13 614–650**
	nach Umbau: a: 00-43
	220...256, 00-33 069
	00-40 011–012
	b: 00-43 682...715
Postinterne Nr. (PINT-Nr.):	**55 201-237**
Übersichtsblatt-Nr.:	**Bl. 461, 463**
Länge über Puffer:	**26 400 mm**
Länge des Wagenkastens:	**26 100 mm**
Höhe über SO:	**4 050 mm**
Drehzapfenabstand:	**19 000 mm**
Laufwerksbauart:	**MD 50**
Drehgestellachsabstand:	**2 500 mm**
Höchstgeschwindigkeit:	**120, 140 km/h**
Bremse:	**KE-GPR-A, H**
Heizung:	**Lhzde(ö)(o)**
Lüftung:	**stat.; BA Kuckuck**
Beleuchtung:	**El B**
Eigenmasse:	**35,4...35,7 t**
Lastgrenze (Tragfähigkeit):	**20,0 t**
Anzahl der Briefräume:	**2**
Anz. d. Briefverteilfächer:	**446+48[1]**
Anz. d. Grobverteilfächer:	**14**
Anz. d. Beutelspannvorr.:	**2 bzw. 3**
Anzahl der Rollbehälterstellplätze:	
Baujahr(e):	**1956–1957**
Jahr(e) des Umbaus:	**1971, ab 1972**
Ausmusterung:	**bis 1992**

[1] in zwei losen Briefverteilfachwerken

DBP **Post mr-a(-p)/26** (Post 4mg-bc/26) **6377–6391**

Mit diesen Fahrzeugen der Baureihe 1958 wurden erstmals sog. Mehrzweck-Bahnpostwagen eingeführt. Sie konnten je nach Bedarf als Alles-Bpw oder als Paket-Bpw eingesetzt werden. Das war möglich durch Zusammenlegen der klappbaren Briefverteilfächer im Briefraum. Bereits die Forderung nach schnellerem Ladungstausch führte zur Verbreiterung der Ladeöffnungen und zur Verwendung von doppelten Schiebetüren. Da der Aussackraum in seiner bisherigen Größe und Lage im Grundriss erhalten blieb, beeinflussten die weiteren Ladetüren die übrige Gestaltung des Grundrisses und der Inneneinrichtung. So wurde der Vorraum am HBrE verkleinert, um Raum für den Briefraum zu gewinnen. Das WC mit Waschgelegenheit, eine Waschnische mit Klappwaschbecken und der Garderobeschrank befanden sich nunmehr direkt am Wagenende. Die ersten 5 Wagen hatten von Anfang an Briefverteilfachwerke, bei den übrigen wurden sie nachgerüstet. In den Jahre 1960–1966 hatten die Wagen 6377 und 6378 eine Zugfunk-Sprechanlage. Ab 1971 ersetzte man bei Bedarf die unteren Fensterscheiben der Einstiegtüren durch eingefärbtes Glas als Sichtblenden. Im Jahr 1972 begann der bremstechnische Umbau auf KE-GPR-A und damit die Erhöhung der bremstechnischen Höchstgeschwindigkeit.

Wagen-Nr(n) (bis 1967):	**6377–6391**
Wagen-Nr(n) (UIC):	**00-13 400–414**
	nach Umbau:
	00-33 401...442
	00-43 457...468
Postinterne Nr. (PINT-Nr.):	**58 401-415**
Übersichtsblatt-Nr.:	**Bl. 471, 475**
Länge über Puffer:	**26 400 mm**
Länge des Wagenkastens:	**26 100 mm**
Höhe über SO:	**4 050 mm**
Drehzapfenabstand:	**19 000 mm**
Laufwerksbauart:	**MD 50**
Drehgestellachsabstand:	**2 500 mm**
Höchstgeschwindigkeit:	**120, 140 km/h**
Bremse:	**KE-GPR-A, H**
Heizung:	**Lhzdeö**
Lüftung:	**stat.; BA Kuckuck**
Beleuchtung:	**El B**
Eigenmasse:	**36,3 t**
Lastgrenze (Tragfähigkeit):	**24,0 t**
Anzahl der Briefräume:	**1**
Anz. d. Briefverteilfächer:	**232**
Anz. d. Grobverteilfächer:	**14**
Anz. d. Beutelspannvorr.:	**2 bzw. 3**
Anz. d. Pack-/Laderäume:	**1**
Anzahl der Rollbehälterstellplätze:	
Baujahr(e):	**1958–1959**
Jahr(e) des Umbaus:	**ab 1972**
Ausmusterung:	**bis 1996**

DBP **Post mr-a/26** (Post 4mg-b/26) **6392–6418**

Die Wagen dieser Gattung entsprachen auch der Baureihe 1958. Sie wurden als Alles-Bpw konzipiert und so beschafft. Somit waren bei ihnen die Änderungen des Rohbau-Wagenkastens und des Grundrisses einschließlich der Innenausrüstung auch zu finden. Bei den Wagen 6403–6408 trug man versuchsweise zur Wärme- und Schallisolierung noch einen Anstrich mit Schallschluckmaterial auf den Wellblechboden auf. Da nunmehr Türtaschen in den Briefraum ragten, mussten die Brieffachwerke in diesen Bereichen versetzt werden. Andererseits konnte die Nische des entfallenen Kohleofens teilweise für zusätzliche Fächer genutzt werden. Die Arbeitstische für den Ladetüren mussten wegen ihrer großen Länge von Klapptischen zu Ausziehtischen geändert werden. Beutelaufhängungen befanden sich im Brief- und im Aussackraum. Der Dachraum konnte zur Ablage von Paketen und Päckchen genutzt werden, im Brief- und im Aussackraum auf eine Breite von 1,1 m und im Packraum auf die gesamte Wagenbreite. Die Wagen 6392–6396 bezog die PV bis 1972 in ein Versuchsprogramm mit Rollplatten ein. An den Wagen 6406 und 6407 wurde eine Achsfederung aus Gummielementen erprobt. Den Wagen 6403 übernahm das Museum für Post und Kommunikation in Nürnberg, die restlichen wurden verkauft.

Wagen-Nr(n) (bis 1967):	6392–6418
Wagen-Nr(n) (UIC):	00-13 087–113
	nach Umbau:
	00-33004...115
	00-43 193...218
Postinterne Nr. (PINT-Nr.):	58 101 – 58 127
Übersichtsblatt Nr.:	Bl.473
Länge über Puffer:	26 400 mm
Länge des Wagenkastens:	26 100 mm
Höhe über SO:	4 050 mm
Drehzapfenabstand:	19 000 mm
Laufwerksbauart:	MD 50
Drehgestellachsabstand:	2 500 mm
Höchstgeschwindigkeit:	120, 140 km/h
Bremse:	KE-GPR, H
Heizung:	Lhzdeö
Lüftung:	stat.; BA Kuckuck
Beleuchtung:	El B
Eigenmasse:	37,5 t
Lastgrenze (Tragfähigkeit):	20,0 t
Anzahl der Briefräume:	1
Anz. d. Briefverteilfächer:	226
Anz. d. Grobverteilfächer:	14
Anz. d. Beutelspannvorr.:	2
Anz. d. Pack-/Laderäume:	1
Anzahl der Rollbehälterstellplätze:	
Baujahr(e):	1958–1959
Jahr(e) des Umbaus:	
Ausmusterung:	bis 1997

DBP **Post mr-a(-b)/26** (Post 4mg-b/26) **62 201–270**

Diese Wagen galten als Baureihe 1962. Sie waren die Letzten ihrer Gattung (Alles-Bpw). An ihrem Wagenkasten musste die Stirnwandkonstruktion gemäß dem geänderten UIC-Merkblatt 567 VE verstärkt werden. Es schrieb höhere Festigkeitswerte für die Wagenkästen der im internationalen Verkehr zugelassenen Einheitsreisezugwagen vor. Weiterhin war für höhere Geschwindigkeiten die Hochleistungsbremse mit automatischer Lastabbremsung KE-GPR-A zu berücksichtigen. Der Verwendungszweck der Fahrzeuge und die Technologie des Ladungsaustausches bewirkten, dass eine Ladetür pro Wagenseite wieder als einfache Schiebetür ausgeführt werden konnte. Damit wurde der Vorraum am HBrE wieder vergrößert und für das zahlreiche Begleitpersonal Kleiderschränke und eine zusätzliche Waschgelegenheit eingerichtet. Die unteren Fensterscheiben der Einstiegtüren führte man erstmals als Sichtblenden mit eingefärbtem Sicherheitsdrahtglas aus. Im Aussackraum war die Beutelspanneinrichtung nunmehr vierteilig. In die Wagen 201 bis 220 baute man eine neuere Ausführung ein (Einrohrbeutelspanne mit Klammer, Bauart Bühre). Die Wagen 211 bis 220 waren für den RIC-Verkehr mit den Niederlanden zugelassen und die Wagen 259 bis 263 für den Rollplattenverkehr eingerichtet.

Wagen-Nr(n) (bis 1967):	**62 201–270**
Wagen-Nr(n) (UIC):	**00-43 620–679**
	00-46 600–609
Postinterne Nr. (PINT-Nr.):	**62 201–270**
Übersichtsblatt-Nr.:	**Bl. 485**
Länge über Puffer:	**26 400 mm**
Länge des Wagenkastens:	**26 100 mm**
Höhe über SO:	**4 045 mm**
Drehzapfenabstand:	**19 000 mm**
Laufwerksbauart:	**MD 50**
Drehgestellachsabstand:	**2 500 mm**
Höchstgeschwindigkeit:	**140 km/h**
Bremse:	**KE-GPR-A, H**
Heizung:	**Lhzdeö**
Lüftung:	**stat.; BA Kuckuck**
Beleuchtung:	**El B**
Eigenmasse:	**39,0 t**
Lastgrenze (Tragfähigkeit):	**20,0 t**
Anzahl der Briefräume:	**2**
Anz. d. Briefverteilfächer:	**492+48[1]**
Anz. d. Grobverteilfächer:	**20**
Anz. d. Beutelspannvorr.:	**3**
Anzahl der Rollbehälterstellplätze:	
Baujahr(e):	**1963–1964**
Jahr(e) des Umbaus:	**1975–1984**
Ausmusterung:	**bis 1997**
[1] in zwei losen Briefverteilfachwerken	

DBP **Post 2-t/13** **64 901–903**

Mit diesen drei Flachwagen schloss die Postverwaltung jahrzehntelange Versuchsserien mit Paketbehältern unterschiedlichster Bauarten ab. Für diesen Versuch wurden Rollplattenbehälter beschafft, von denen je 18 auf der Ladefläche eines Fahrzeugs Platz fanden. Der Versuchsbetrieb erfolgte mit zwei Wagen bis 1967 zwischen Köln und Hamburg. Der dritte Wagen war auf der Internationalen Verkehrsausstellung 1965 in München ausgestellt und wurde danach in Reserve gehalten. Später setzte das PA Köln-Deutz diese Wagen zum Transport von Behältern des Systems Weber ein. Die Fahrzeuge waren auf dem Untergestell eines Standard-Güterwagens aufgebaut. Anstelle des Holzfußbodens waren Einrichtungen zur Aufnahme und Befestigung der Behälter vorhanden. Dazwischen lagen begehbare Gitterroste. Weiterhin hatte jede Wagenseite 6 Seitenwandklappen. Zur weiteren Sicherung der Behälter führten die Wagen einige Sondereinrichtungen: 7 Spindelkästen mit Rastschienen, vier Kästen zur Aufnahme von Kurbeln, vier Führungsschienen, zwei Aufnahmekästen für Zugstangen und 24 Querverbindungen. Für den Einsatz in Reisezügen hatten die Wagen Durchgangsleitungen für Dampf und Elektroenergie. Die lastabhängige Druckluftbremse stellte ein Mechanismus von Leer auf Beladen um.

Wagen-Nr(n) (bis 1967):	**64 901–903**
Wagen-Nr(n) (UIC):	**00-11 997–999**
Postinterne Nr. (PINT-Nr.):	**64 901–903**
Übersichtsblatt-Nr.:	**Bl. 493**
Länge über Puffer:	**13 900 mm**
Länge des Wagenkastens:	**12 620 mm**
Höhe über SO (bis OK Laufschienen):	**1 250 mm**
Endachsabstand:	**8 000 mm**
Laufwerksbauart:	**überkritisch; UIC-Bauart**
Höchstgeschwindigkeit:	**120 km/h**
Bremse:	**KE-GP-A**
Heizung / Lüftung:	**Dhzl, ElHzl / –**
Eigenmasse:	**13,5 t**
Lastgrenze (Tragfähigkeit):	**13,5 t**
Anzahl der Rollbehälterstellplätze:	**18**
Baujahr(e):	**1965**
Jahr(e) des Umbaus:	
Ausmusterung:	**1979**

DBP **Post mr-a(-ap)/26** (Post mg-a(p)/26) **65 101...410**

Die Wagen der Baureihe 1965 waren die Letzten mit der abgerundeten Dachform an den Wagenenden und den doppelten Schiebetüren in Brief- und Packraum. Die Bestrebungen zur Einführung einer MPK nach UIC wirkten sich noch nicht auf die konstruktive Gestaltung der Wagenenden dieser Baureihe aus. Die Änderungen betrafen hauptsächlich die Inneneinrichtung. So wurden im Briefraum am Übersetzfenster 3 ein Klapptisch und die Vorrichtung zum Einhängen einer zusätzlichen Beutelspanne angebracht. Im Aussackraum ordnete man links neben der dreiteiligen Beutelspanne noch eine einteilige, dreireihige an. Sie entsprachen der Bauart Bühre und waren Einrohrbeutelspannen mit Hakenklammern. Die Leuchtkästen für Wagenschilder brachte man nunmehr in den Fenstern des Packraums an. Zum Nachladen der Batterien erhielten die Wagen erstmals Ladesteckdosen. Bei der Luftheizung brach man das Streben zur Einheitsbauart durch Systemkombination ab. Hingegen brachten die Neuentwicklung einzelner Baugruppen (Elektrolufterhitzer für Mehrspannungsbetrieb) oder Verbesserungen an vorhandenen (z.B. Ölfeuerungsteil) die Anwendung des Systems Hagenuk. Einige Wagen blieben nach der Ausmusterung erhalten, z.B. 101, 106, 108, 109, 111-113, 401-404, 406, 407, 409 und 410.

Wagen-Nr(n) (bis 1967):	**65 101...410**
Wagen-Nr(n) (UIC):	**00-43 055–074**
	00-43 430–439
Postinterne Nr. (PINT-Nr.):	**65 101...410**
Übersichtsblatt-Nr.:	**Bl. 481, 487**
Länge über Puffer:	**26 400 mm**
Länge des Wagenkastens:	**26 100 mm**
Höhe über SO:	**4 045 mm**
Drehzapfenabstand:	**19 000 mm**
Laufwerksbauart:	**MD 50**
Drehgestellachsabstand:	**2 500 mm**
Höchstgeschwindigkeit:	**140 km/h**
Bremse:	**KE-GPR-A, H**
Heizung:	**Lhzdeö**
Lüftung:	**stat.; BA Kuckuck**
Beleuchtung:	**El B**
Eigenmasse:	**38,7 / 39,0 t**
Lastgrenze (Tragfähigkeit):	**20,0 / 24,0 t**
Anzahl der Briefräume:	**1**
Anz. d. Briefverteilfächer:	**240/218**
Anz. d. Grobverteilfächer:	**14**
Anz. d. Beutelspannvorr.:	**3**
Anz. d. Pack-/Laderäume:	**1**
Anzahl der Rollbehälter-stellplätze:	
Baujahr(e):	**1965–1966**
Jahr(e) des Umbaus:	
Ausmusterung:	**bis 1997**

DBP **Post 2ss-t/13** 65 800–899

Diese Wagen der Baureihe 1965 waren in Güterwagenbauart ausgeführt. Ihre Grundkonzeption entsprach dem gedeckten Güterwagen der Bauart Glmms 61 der DB. Sie bildeten die praktische Alternative zu dem mehrjährigen Versuchsbetrieb mit drei zweiachsigen Flachwagen zur Erprobung von Paketbehältern. Allerdings enthielt ihre Inneneirichtung noch keinerlei Befestigungsmöglichkeiten für Postgutbehälter jeglicher Art. Somit mussten die Wagen traditionell beladen werden.

Das Untergestell bestand aus Walzprofilen St 37. Es war für den Einbau einer Bauart der Mittelpufferkupplung vorbereitet, besaß aber andererseits eine durchgehende Zugeinrichtung. Die Druckluftbremse war lastabhängig. Kunstharzverleimte Buchenfurnierplatten verkleideten von innen das Wagenkastengerippe. Im Laderaum waren beiderseits der Ladeöffnungen schwenkbare Rohrschutzwände angebracht. Über ihnen befanden sich Deckenleuchten, die eine Batterie speiste. Sie konnte in einem klappbaren Batteriefach untergebracht werden. Darüber hinaus gab es einen Steckdosenanschluss. 30 Wagen waren zeitweise mit einer Speichergurtanlage ausgerüstet. Einzelne Wagen wurden nach der Ausmusterung von Firmen von gekauft, die sie weiterverwendeten (z.B. 829, 830, 843, 852, 855, 860, 870 und 880).

Wagen-Nr(n) (bis 1967):	**65 800–899**
Wagen-Nr(n) (UIC):	**00-11 650–749**
Postinterne Nr. (PINT-Nr.):	**65 800–899**
Übersichtsblatt-Nr.:	**Bl. 495**
Länge über Puffer:	**14 020 mm**
Länge des Wagenkastens:	**12 780 mm**
Höhe über SO:	**4 102,5 mm**
Endachsabstand:	**8 000 mm**
Laufwerksbauart:	**UIC-Bauart**
Höchstgeschwindigkeit:	**120 km/h**
Bremse:	**KE-GP-A**
Heizung / Lüftung:	**–**
Beleuchtung:	**El B**
Eigenmasse:	**14,4 t**
Lastgrenze (Tragfähigkeit):	**21,5 (17,5) t**
Anz. d. Pack-/Laderäume:	**1**
Anz. d. Rollbehälter-stellplätze:	
Baujahr(e):	**1967**
Jahr(e) des Umbaus:	
Ausmusterung:	**bis 1997**

DBP Post mr-a(-ap)/26 — 67 101...414

Von der wagentechnischen Grundkonzeption unterschieden sich die Wagen beider Postgattungen der Baureihe 1967 nicht voneinander. Gegenüber früheren Baureihen waren die Wagenenden im Dachbereich neu gestaltet. Darüber hinaus erfolgte die Vorbereitung der Untergestelle zur Aufnahme einer international beabsichtigten MPK. Dabei mussten deren Kopfpartien derart verändert werden, dass die bisher über die Puffer eingeleiteten Druckkräfte nunmehr über den Kupplungskopf in das Untergestell eingeleitet werden konnten. So musste die Federpatrone von vorn in das Kopfstück eingesetzt werden können. Die weiteren Änderungen lagen hauptsächlich in der Ausstattung der Briefräume. Die RIC-Fähigkeit der Wagen erlaubte den internationalen Einsatz. Dazu trug auch die Mehrspannungsausführung der elektrischen Anlage in 10 Wagen bei. Bei weiteren 3 Fahrzeugen wurde sie nachgerüstet. Gleichzeitig erhöhte man die Ladetüren 2/2a für den Einsatz im Behälterverkehr Nürnberg - Prag. Die Unterschiede der Inneneinrichtung lagen vorwiegend in der Anzahl der Briefverteilfächer. Der Aussackraum enthielt zusätzliche Stapelräume. Die Luftheizungsanlage erhielt letztmalig einen Dampfwärmetauscher. Von diesen Fahrzeugen blieben Einzelne nach der Ausmusterung erhalten.

Wagen-Nr(n) (bis 1967):	**-**
Wagen-Nr(n) (UIC):	**00-40 001–010**
	00-43 075...453
Postinterne Nr. (PINT-Nr.):	**67 101...414**
Übersichtsblatt-Nr.:	**Bl. 489, 491**
Länge über Puffer:	**26 400 mm**
Länge des Wagenkastens:	**26 100 mm**
Höhe über SO:	**4 045 mm**
Drehzapfenabstand:	**19 000 mm**
Laufwerksbauart:	**MD 50**
Drehgestellachsabstand:	**2 500 mm**
Höchstgeschwindigkeit:	**140 km/h**
Bremse:	**KE-GPR-A, H**
Heizung:	**Lhzdeös**
Lüftung:	**stat.; BA Kuckuck**
Beleuchtung:	**El B**
Eigenmasse:	**39,1 / 39,3 t**
Lastgrenze (Tragfähigkeit):	**20,0 / 24,0 t**
Anzahl der Briefräume:	**1**
Anz. d. Briefverteilfächer:	**226**
Anz. d. Grobverteilfächer:	**20**
Anz. d. Beutelspannvorr.:	**3**
Anz. d. Pack-/Laderäume:	**1**
Anzahl der Rollbehälterstellplätze:	
Baujahr(e):	**1967–1968**
Jahr(e) des Umbaus:	
Ausmusterung:	**bis 1997**

DBP **Post mrz***(ep)** (Post mrz-a/26) **73 001–200**

Mit den Wagen der Baureihe 1973 erfuhr die Entwicklung der Bpw ihren Höhepunkt und Abschluss. Die Ladetüren 1/1a wurden wieder als doppelte Schiebetüren ausgeführt. Der Packraum blieb erstmals fensterlos. Ein Teil dieser Alles-Bpw erhielt den zweifarbigen Außenanstrich der Reisezugwagen der DB. Damit diese Wagen auch in Zügen bis 200 km/h eingesetzt werden konnten, ließ die DBP ab Frühjahr 1979 in mehreren Serien Magnetschienenbremsen und Schlingerdämpfer nachrüsten. Weiterhin wurde nachträglich ein neues Notbremskonzept (Notbremsunterbrechung; ep-Bremse) realisiert. Vom Einstiegraum am HBrE gelangte man neben dem zentralen Geräteschrank in den Briefraum und andererseits über einen kurzen Mittelgang zur Stirnwandtür und zum WC. Im Briefraum befanden sich neben den Briefverteilfächern Klapp- und Ausziehtische sowie Beutelspannen. Der Aussackraum lag in der Wagenmitte. Zum NHBrE hin schloss sich der Packraum an. Die Lhz enthielt die Entstaubungsanlage. Ihr Dampfteil entfiel. Die gesamte Energieversorgung erfolgte über die elektrische Hauptheizleitung. Ab 1987 erhielten einige Wagen einen Schwenklift, andere eine Ladegewichtsanzeige. Nach der Ausmusterung kaufte die DB AG die meisten der Wagen; einen erhielt das Postmuseum in Nürnberg.

Wagen-Nr(n) (bis 1967):	**-**
Wagen-Nr(n) (UIC):	**00-95 001–200**
Postinterne Nr. (PINT-Nr.):	**73 001–200**
Übersichtsblatt-Nr.:	**Bl. 501**
Länge über Puffer:	**26 400 mm**
Länge des Wagenkastens:	**26 100 mm**
Höhe über SO:	**4 045 mm**
Drehzapfenabstand:	**19 000 mm**
Laufwerksbauart:	**MD 36**
Drehgestellachsabstand:	**2 500 mm**
Höchstgeschwindigkeit:	**140, (200) km/h**
Bremse:	**KE-GPR-A D Mg, H**
Heizung:	**Lhzeös**
Lüftung:	**stat.; BA Kuckuck**
Beleuchtung:	**El B**
Eigenmasse:	**40,0 t**
Lastgrenze (Tragfähigkeit):	**20,0 t**
Anzahl der Briefräume:	**1**
Anz. d. Briefverteilfächer:	**226**
Anz. d. Grobverteilfächer:	**26**
Anz. d. Beutelspannvorr.:	**5**
Anz. d. Pack-.:	**1**
Anzahl der Rollbehälterstellplätze:	
Baujahr(e):	**1974–1976**
Jahr(e) des Umbaus:	**ab 1979**
Ausmusterung:	**bis 1997**

DBP Post 2ss-t/15 — 76 801 – 875

Diese Wagen der Baureihe 1976 entsprachen der Güterwagenbauart und waren vorwiegend für den Transport von Paketrollbehältern im Binnenverkehr bestimmt. Als Teil eines Transportkettensystems konnten die Wagen mit Zielladung ohne Begleitpersonal eingesetzt werden. Untergestell und Wagenkasten waren eine geschweißte Stahlkonstruktion aus Walz- und Abkantprofilen sowie Stahlblechen mehrerer Dicken. Der Einbau einer MPK war vorbereitet. Die Ladetüren bestanden aus Leichtmetall (AlMgSi 1). Sie gaben eine Laderaumöffnung von 4400 mm Breite frei. Eine Türsicherung verhinderte ein unbeabsichtigtes Zurollen der Tür. Kiefernholzbohlen bildeten den Fußboden. Bei 10 Wagen verlegte man an deren Stelle Sperrholzplatten aus Birkenholz mit glasfaserverstärkter Oberfläche. 16 Zurrösen in DB-Ausführung waren im Fußboden eingelassen. Die Innenseite des Daches war mit einer Isoliermasse beschichtet. Die Laufwerke hatten Doppelschakengehänge (UIC-Bauart) mit zweistufiger Parabelfeder und je einem Wiegeventil für die lastabhängige Druckluftbremse. Zur Beistellung der Wagen in Reisezüge hatten die Fahrzeuge eine elektrische Durchgangsleitung. Zuletzt waren sie in München beheimatet. Nach der Ausmusterung übernahm die meisten Wagen das Unternehmen On-Rail.

Wagen-Nr(n) (bis 1967):	**-**
Wagen-Nr(n) (UIC):	**00-03 601–675**
Postinterne Nr. (PINT-Nr.):	**76 801 – 875**
Übersichtsblatt-Nr.:	**Bl. 505**
Länge über Puffer:	**15 940 mm**
Länge des Wagenkastens:	**14 700 mm**
Höhe über SO:	**4 272 mm**
Endachsabstand:	**9 000 mm**
Laufwerksbauart:	**überkritisch**
Höchstgeschwindigkeit:	**120 km/h**
Bremse:	**KE-GP-A**
Heizung / Lüftung:	**ElHzl / –**
Beleuchtung:	**–**
Eigenmasse:	**17,0 t**
Lastgrenze (Tragfähigkeit):	**23,0 / 19,0 t**
Anz. d. Pack-/Laderäume:	**1**
Anzahl der Rollbehälterstellplätze:	**28**
Baujahr(e):	**1976**
Jahr(e) des Umbaus:	
Ausmusterung:	**1997**

DP **Post aa-cI/10,8** (Post -c/10,8) **140...4330**

Für die Beförderung von Butterpaketen vom Erzeuger zum Einzelhandel beschaffte die DRP zweiachsige Kühlwagen. Sie hatten Holzwände mit außen liegendem Stahlgerippe, Güterwagenlaufwerke, Tonnendach und einen Einstiegraum mit zurückgesetzten Drehtüren. Ein Teil dieser Kühlwagen besaß ein Begleiterabteil, das mit einem Sitz, Kohleofen und Abort ausgestattet war. Die Langträger des klassischen Untergestells trugen seitliche Konsolen, an denen die Kastensäulen angenietet waren. Das Kastengerippe war durch Diagonalstreben über ein oder zwei Seitenwandfelder und durch Knotenbleche stabilisiert. Vier Wagen verblieben bei der DP. Nachdem die speziellen Kühlwageneinrichtungen ausgebaut waren, wurden sie als Bpw der Gattung c oder cl genutzt. Beim Umbau für den RBehV erhielten die Wagen Ladeschiebetüren und die üblichen Einrichtungen der Behälterladeräume, wie Rammleisten, Sperrketten und Rammkonsolen. Der Durchgang zum Einstiegsraum wurde geschlossen und die Wagen bekamen Seitenwandfenster. Nachdem auch die Einstiegstüren ausgebaut waren, verblieb vom Einstiegsraum nur noch eine überdachte nach beiden Seiten offene Bremserbühne. Ursprünglich besaßen die Wagen ein normales Güterwagenlaufwerk mit Laschengehänge. Die DP stattete zwei dieser Wagen mit überkritischen Laufwerken aus.

Wagen-Nr(n) (bis 1967):	140...4330
Wagen-Nr(n) (UIC):	09-11 450–453
Bauartnummer / Bauart:	09 450 / GTg
Übersichtsblatt-Nr.:	
Länge über Puffer:	10 930 mm
Länge des Wagenkastens:	10 800 mm
Höhe über SO:	
Achsabstand:	6 500 mm
Laufwerksbauart:	Personenwagen-laufwerk, VLA
Höchstgeschwindigkeit:	90 km/h
Bremse:	Kk
Heizung:	–
Lüftung:	–
Beleuchtung:	El B
Eigenmasse:	15,9...16,1 t
Lastgrenze (Tragfähigkeit):	10,5 t
Anzahl der Briefräume:	–
Anz. d. Briefverteilfächer:	–
Anz. d. Grobverteilfächer:	–
Anz. d. Beutelspannvorr.:	–
Anz. d. Pack-/Laderäume:	2
Anzahl der Rollbehälterstellplätze:	18
Baujahr(e):	1929/30
Jahr(e) des Umbaus:	1957/58
Ausmusterung:	1971...1976

DP **Post 3-cI/10** (Post 3-b/10) **1120...3468**

Bei gleichem Konzept entstanden mit vielen Detailveränderungen in über vierzig Jahren bei vielen Waggonfabriken die Wagen der Gattungen 3-a/10 und 3-b/10. Mit dem Einsatz größerer Vierachser in Schnellzügen wurden die 3-a/10 entbehrlich und fast vollzählig in Gattung b umgebaut. Zur DP gelangten 99 dieser Wagen. Einer war bereits von der DRP in Gattung c, ein anderer 1954 von der DP zum Zweiachser umgebaut worden. Ihr genietetes Untergestell bestand hauptsächlich aus Walzprofilen mit seitlichen Konsolen, die bis zur Unterkante der gewölbten Seitenwände reichten. Der aufgesetzte Wagenkasten bestand aus Holz und war außen mit Blechen beschlagen. Der Stromversorgung dienten Batterien. Nur ein kleiner Teil der Wagen besaß einen Generator. Im Zuge der Neugestaltung der Postbeförderungsprozesse wurde der Bp-Verkehr auf Nebenstrecken eingeschränkt. Deshalb wurden 1959–1963 45 Wagen in Gattung cl umgebaut und gleichzeitig für den RBehV hergerichtet, ein Teil erhielt Ladeschiebetüren. Die hoch liegenden Bremserhäuser wurden durch Handbremsbühnen ersetzt, die Aufstiegstritte und Griffstangen an den Stirnwänden entfernt. 19 dieser Wagen erhielten eine elektrische Heizleitung. In das Rekonstruktionsprogramm 1961–1964 kamen 36 Wagen.

Wagen-Nr(n) (bis 1967):	**1120...3468**
Wagen-Nr(n) (UIC):	**–**
Bauartnummer / Bauart:	**– / POh**
Übersichtsblatt-Nr.:	**P I 2.; P.I.3.; P.I.4.**
Länge über Puffer:	**11 700 mm**
Länge des Wagenkastens:	**10 000 mm**
Höhe über SO:	**4 150 mm**
Achsabstand:	**7 500 mm**
Laufwerksbauart:	**Personenwagen-aufwerk, VLA**
Höchstgeschwindigkeit:	**90 km/h**
Bremse:	**W, K, Kk**
Heizung:	**Nuhz, Ohz**
Lüftung:	**stat.; BA Wendler**
Beleuchtung:	**El B**
Eigenmasse:	**15,8...19,8 t**
Lastgrenze (Tragfähigkeit):	**7,5 t**
Anzahl der Briefräume:	**1**
Anz. d. Briefverteilfächer:	**148**
Anz. d. Grobverteilfächer:	
Anz. d. Beutelspannvorr.:	**1**
Anz. d. Pack-/Laderäume:	**1**
Anzahl der Rollbehälter-stellplätze:	**11**
Baujahr(e):	**1883...1923**
Jahr(e) des Umbaus:	**1959...1963**
Ausmusterung:	**1955...1969**

DP **Post 3-cI/10** (Post 3-b/10) **1277...3467**

Drei Wagen der ursprünglichen Gattung Post 3-b/10 besaßen dreiachsige Lenkgestelle, bestehend aus einem auf Rollen laufenden seitenverschiebbaren Rahmen, der die Achshalter der Mittelachse trug, sowie zwei Einachsdrehgestellen mit den Achshaltern der Endachsen. Die Drehgestellrahmen waren durch kräftiges Diagonalgestänge mit dem Rahmen des mittleren Laufwerkes so verbunden, dass die Seitenverschiebung der Mittelachse bei Kurvenlauf eine Radialeinstellung der Endachsen bewirkte. Wegen der Befestigung der Federböcke der Endachsen am Langträger wurde beim Kurvenlauf durch unterschiedliche Schrägstellung der Federlaschen eine Rückstellkraft zur Normalstellung im geraden Gleis erreicht. Das Bild zeigt den Wagen Nr. 1537 nach dem Umbau in Gattung cl. Für den RBehV waren der Briefraum mit allen Einrichtungen einschließlich der Trennwand sowie die Packbretter und Stapelwände im Laderaum entfernt worden. Der Fußboden wurde verstärkt, die Seitenwände erhielten innen Rammleisten. Bei der Neubeblechung der Seitenwände hat man offenbar wegen des intakten Oberlichtdaches auf den Einbau von Seitenwandfenstern anstelle der ausgebauten Drehtüren verzichtet. Für den Einsatz in Bedarfsläufen hatte man sie mit Zettelkästen auf jeder Wagenseite ausgestattet.

Wagen-Nr(n) (bis 1967):	**1277...3467**
Wagen-Nr(n) (UIC):	**–**
Bauartnummer / Bauart:	**– / POh**
Übersichtsblatt-Nr.:	**P.I.2.; P.I.3.; P.I.4.**
Länge über Puffer:	**11 700 mm**
Länge des Wagenkastens:	**10 000 mm**
Höhe über SO:	**4 150 mm**
Achsabstand:	**7 500 mm**
Laufwerksbauart:	**VLA, z.T. 3-achs. Lenkgestell**
Höchstgeschwindigkeit:	**90 km/h**
Bremse:	**W, K, Kk**
Heizung:	**–**
Lüftung:	**–**
Beleuchtung:	**El B**
Eigenmasse:	**15,8...19,8 t**
Lastgrenze (Tragfähigkeit):	**7,5 t**
Anzahl der Briefräume:	**–**
Anz. d. Briefverteilfächer:	**–**
Anz. d. Grobverteilfächer:	**–**
Anz. d. Beutelspannvorr.:	**–**
Anz. d. Pack-/Laderäume:	**2**
Anzahl der Rollbehälterstellplätze:	**18**
Baujahr(e):	**1886...1923**
Jahr(e) des Umbaus:	**1959...1963**
Ausmusterung:	**1955...1969**

DP **Post 3-cI/10** (Post 3-b/10) **1277...3467**

Diese Wagen entstanden durch Umbauten in den Jahren bis etwa 1962 aus der Gattung Post 3-b/10. Ihr Aussehen veränderte sich z.T. beträchtlich. Der Grund war, dass neben der Gattungsänderung, Herrichtung für den RBehV u.Ä., auch allgemeine Modernisierungen notwendig wurden. Auch bei Reparaturen nach Unfällen oder Wagenbränden wurden derartige Arbeiten mit erledigt. Dazu gehörte der Abbau der hoch liegenden Bremserhäuser als Erleichterung für das Eisenbahnbetriebspersonal und zur Verringerung der Gefahren unter elektrischer Fahrleitung. Es waren Generalreparaturen fällig sowie die Folgen unzureichender Instandhaltung in den Kriegsjahren oder direkte Kriegsschäden zu beseitigen. Dazu gehörten Instandsetzungen am Kastengerippe, Neubeblechungen oder sogar vollständige Wagenkastenerneuerungen. Bei erforderlichen Dacherneuerungen wurden die Oberlichtdächer durch die weniger aufwändigen Tonnendächer ersetzt. Der Wegfall der mit Fenstern versehenen Drehtüren sowie der Oberlichtfenster machte den Einbau größerer Seitenwandfenster erforderlich Bei der Arbeitsaufnahme im Raw wurde über den Umfang der Arbeiten unter Berücksichtigung von Kostenfragen entschieden. Der Umbau des hier abgebildeten Bpw Nr. 1790 beinhaltete mehrere dieser Aufgaben.

Wagen-Nr(n) (bis 1967):	1277...3467
Wagen-Nr(n) (UIC):	–
Bauartnummer / Bauart:	– / POh
Übersichtsblatt-Nr.:	P.I.2.; P.I.3.; P.I.4.
Länge über Puffer:	11 700 mm
Länge des Wagenkastens:	10 000 mm
Höhe über SO:	4 150 mm
Achsabstand:	7 500 mm
Laufwerksbauart:	Personenwagen-laufwerk, VLA
Höchstgeschwindigkeit:	90 km/h
Bremse:	W, K, Kk
Heizung:	–
Lüftung:	stat.; BA Wendler
Beleuchtung:	El B
Eigenmasse:	15,8...19,8 t
Lastgrenze (Tragfähigkeit):	7,5 t
Anzahl der Briefräume:	–
Anz. d. Briefverteilfächer:	–
Anz. d. Grobverteilfächer:	–
Anz. d. Beutelspannvorr.:	–
Anz. d. Pack-/Laderäume:	2
Anzahl der Rollbehälter-stellplätze:	18
Baujahr(e):	1886...1923
Jahr(e) des Umbaus:	1959...1963
Ausmusterung:	1955...1969

DP **Post -b(-cI)/12** (Post -a(-b)/12) **1525...2577**

Seit 1924 musste die DRP die Beförderungsleistungen an Postwagen durch die DR nach dem Achskilometervergütungssatz abgelten. Aus Kostengründen ließ sie deshalb u. a. vierachsige 12-m-Wagen auf zwei Achsen umbauen. Das genietete Untergestell war im Wesentlichen beibehalten worden. Anstelle der Hauptquerträger waren solche für die Aufnahme der Achshalter, der Federböcke und für die Aufhängung der Bremsteile eingebaut worden. Am aufgesetzten hölzernen Wagenkasten, der wie üblich mit Blechen beschlagen war und ein Oberlichtdach trug, änderte man nichts. Die Forderung der DR in den 30er-Jahren, in Reisezügen künftig nur vierachsige Wagen einzusetzen, stoppte diesen Umbautrend. Von den in den Jahren 1929 und 1930 zur Gattung Post -b/12 umgebauten Wagen kamen 15 Stück zur DP. Wagen, die bisher nur Batterien hatten, wurden bei der DP mit Generatoren nachgerüstet. Von 1958–1963 wurden sie für den RBehV hergerichtet, 8 Stück wurden in Gattung cl umgebaut. Das Bild zeigt den Bpw Nr. 2260 im Jahr 1965 nach dem provisorischen Umbau für den RBehV. Äußerlich erscheint der Wagen noch nicht verändert, wenngleich die für den RBehV angebauten Einrichtungen erkennbar sind, die zur Arretierung der Drehtüren im geöffneten Zustand dienen.

Wagen-Nr(n) (bis 1967):	**1525...2577**
Wagen-Nr(n) (UIC):	**–**
Bauartnummer / Bauart:	**– / POh**
Übersichtsblatt-Nr.:	**P.I.5.**
Länge über Puffer:	**13 700 mm**
Länge des Wagenkastens:	**12 000 mm**
Höhe über SO:	**4 057 mm**
Achsabstand:	**8 000 mm**
Laufwerksbauart:	**Personenwagen-laufwerk, VLA**
Höchstgeschwindigkeit:	**90 km/h**
Bremse:	**W, Kk**
Heizung:	**Nuhz, Ohz**
Lüftung:	**stat.; BA Wendler**
Beleuchtung:	**El B**
Eigenmasse:	**19,4...20,8 t**
Lastgrenze (Tragfähigkeit):	**8 t**
Anz. d. Briefräume:	**1**
Anz.l d. Briefverteilfächer:	**184**
Anz. d. Grobverteilfächer:	
Anz. d. Beutelspannvorr.:	**1**
Anz. d. Pack-/Laderäume:	**1**
Anzahl der Rollbehälter-stellplätze:	**15**
Baujahr(e):	**1891...1908**
Jahr(e) des Umbaus:	**1958–1963**
Ausmusterung:	**1966...1969**

DP **Post -c/12** (Post -b/12) **1525...2557**

Obwohl sich die DP sehr zeitig für die flächendeckende Einführung des RBehV entschieden hatte, wurden anfänglich noch einige zwei- und dreiachsige Wagen für Päckerei-Bahnposten vorgehalten. In den ersten Jahren wurden auch noch RBeh bei Unterwegshalten ausgetauscht. Ein Begleiter der Bahnpost sollte den Austausch bei kurzen Haltezeiten erleichtern und beschleunigen. Die Wagen der Gattung c waren dementsprechend mit einem kleinen Begleiterraum am Wagenende ausgestattet. Neben einem Klappsitz und einem kleinen Klapptisch gab es einen Kohleofen mit dem entsprechenden Zubehör sowie einen Abort. Zu einer häufigen Benutzung des Begleiterabteiles kam es nicht. Nach einigen Unfällen, bei denen Behälter beim Überfahren von Gleisübergängen umstürzten, stellte man den Unterwegsaustausch von Rollbehältern völlig ein. Fortan gab es nur noch den so genannten End-End-RBehV, bei dem die Wagen in Postumschlaganlagen be- und entladen wurden. Der hier abgebildete Bpw Nr 2557, ehemals Post 4-b/12, wurde dementsprechend für seine letzten Einsatzjahre schließlich auch noch zur Gattung cl umgebaut. Da diese geräumigen Wagen mit nur zwei Achsen kostengünstig befördert wurden, sorgte man bis zu ihrer Ausmusterung für eine intensive Nutzung.

Wagen-Nr(n) (bis 1967):	1525...2557
Wagen-Nr(n) (UIC):	–
Bauartnummer / Bauart:	– / POh
Übersichtsblatt-Nr.:	P.I.5.
Länge über Puffer:	13 700 mm
Länge des Wagenkastens:	12 000 mm
Höhe über SO:	4 057 mm
Achsabstand:	8 000 mm
Laufwerksbauart:	Personenwagenlaufwerk, VLA
Höchstgeschwindigkeit:	90 km/h
Bremse:	W, Kk
Heizung:	Nuhz, Ohz
Lüftung:	stat.; BA Wendler
Beleuchtung:	El B
Eigenmasse:	19,4...20,8 t
Lastgrenze (Tragfähigkeit):	8 t
Anzahl der Briefräume:	Begleiterraum
Anz. d. Briefverteilfächer:	–
Anz. d. Grobverteilfächer:	–
Anz. d. Beutelspannvorr.:	–
Anz. d. Pack-/Laderäume:	2
Anzahl der Rollbehälterstellplätze:	18
Baujahr(e):	1891...1908
Jahr(e) des Umbaus:	1960
Ausmusterung:	1966...1969

DP **Post 3-cI/12** (Post 3-b/12) **1536...2464**

Die K.S.St.E.B. bestand noch auf der Bildung von Schnellzügen aus dreiachsigen Wagen, als die DRP bereits vierachsige 12 m-Wagen auf den Strecken der KPEV einsetzte. 30 Wagen der Gattung Post 3-b/12 befanden sich im Bestand der DP und blieben bis zu ihrer Ausmusterung fast ausschließlich im sächsischen Raum beheimatet. Die Wagen besaßen genietete Untergestelle der klassischen Bauart mit seitlichen Konsolen. Für eine bessere Kurvenläufigkeit waren an der Mittelachse längere Federschaken als bei den Endachsen. Vier dieser Wagen hatten dreiachsige Lenkgestelle. Die hölzernen Wagenkästen waren mit Blechen bekleidet und auf das Untergestell aufgesetzt. Ein Oberlichtdach und ein hoch gesetztes Bremserhaus bestimmten ursprünglich das Aussehen dieser Wagen. Mit dem Umbau cl, dem Herrichten für den RBehV und weiteren Modernisierungen veränderte sich ihr Aussehen wesentlich. 24 Wagen wurden zur Gattung 3-cl/12 und zwei in Gattung 3-c/12 umgebaut. Neun Wagen kamen ins Rekonstruktionsprogramm 1961–1964, darunter die zwei der Gattung 3-c/12 und die drei noch vorhandenen 3-b/12. Als die DR im sächsischen Dreieck mit der Streckenelektrifizierung begann, bekam ein Teil dieser Wagen elektrische Durchgangsheizleitungen.

Wagen-Nr(n) (bis 1967):	**1536...2464**
Wagen-Nr(n) (UIC):	**–**
Bauartnummer / Bauart:	**– / POh**
Übersichtsblatt-Nr.:	
Länge über Puffer:	**13 700 mm**
Länge des Wagenkastens:	**12 000 mm**
Höhe über SO:	**4 120 mm**
Achsabstand:	**9 000 mm**
Laufwerksbauart:	**VLA, z.T. 3-achs. Lenkgestell**
Höchstgeschwindigkeit:	**90 km/h**
Bremse:	**Wpbr**
Heizung:	**Nuhz, Ohz**
Lüftung:	**stat.; BA Wendler**
Beleuchtung:	**El B**
Eigenmasse:	**16,5...20,6 t**
Lastgrenze (Tragfähigkeit):	**6 t**
Anzahl der Briefräume:	**–**
Anz. d. Briefverteilfächer:	**214**
Anz. d. Grobverteilfächer:	
Anz. d. Beutelspannvorr.:	**1**
Anz. d. Pack-/Laderäume:	**2**
Anzahl der Rollbehälterstellplätze:	**9**
Baujahr(e):	**1890...1903**
Jahr(e) des Umbaus:	**1958...1962**
Ausmusterung:	**1967...1969**

DP **Post -cI/8,5** (Post -b/8,5) **1553...3424**

Die DP hatte 31 Bpw im Bestand, die der Gattung Post -b/8,5, Bauart POh, angehörten. Als man im Rahmen der Neugestaltung der Postbeförderungsprozesse im Nahbereich verstärkt Kraftfahrzeuge einsetzte, wurden diese kleinen Wagen auf den Nebenstrecken entbehrlich. Ebenso konnte man auf die Briefabteile verzichten. Alle wurden sie in Gattung cI und für den RBehV umgebaut. Sie wurden dann auf Hauptstrecken zwischen den Paketumschlagstellen und Knotenleitpostämtern eingesetzt. Die genieteten klassischen Personenwagenuntergestelle wurden dabei nicht verändert. Von dem aufgesetzten hölzernen Wagenkasten mit Oberlichtaufbau wurden die hoch gelegenen Bremserhäuser und die Briefkästen entfernt. Die Ladetüren versah man beim provisorischen Umbau mit Türfeststellern, die das unbeabsichtigte Zuschlagen der Türen während des Ladungsaustausches zu verhindern hatten. Weiterhin erhielten die Wagen einen Kiefernholzfußboden, der im Türraum mit 5 mm starkem Riffelblech ausgelegt war. Für die Sicherung der RBeh verwendete man Sperrketten. Die geringe Tragfähigkeit der Wagen führte bei Nichtbeachtung durch das Ladepersonal häufig zu Wagenaussetzungen wegen Überladung. Nur wenige Wagen waren mit Generatoren ausgestattet.

Wagen-Nr(n) (bis 1967):	**1553...3424**
Wagen-Nr(n) (UIC):	**–**
Bauartnummer / Bauart:	**– / POh**
Übersichtsblatt-Nr.:	**P.I.6.**
Länge über Puffer:	**10 200 mm**
Länge des Wagenkastens:	**8 500 mm**
Höhe über SO:	**4 135 mm**
Achsabstand:	**6 000 mm**
Laufwerksbauart:	**Personenwagenlaufwerk, VLA**
Höchstgeschwindigkeit:	**90 km/h**
Bremse:	**W, K, Kk**
Heizung:	**–**
Lüftung:	**stat.; BA Wendler**
Beleuchtung:	**El B**
Eigenmasse:	**12,1 ... 16 t**
Lastgrenze (Tragfähigkeit):	**5 t**
Anzahl der Briefräume:	**–**
Anz. d. Briefverteilfächer:	**–**
Anz. d. Grobverteilfächer:	**–**
Anz. d. Beutelspannvorr.:	**–**
Anz. d. Pack-/Laderäume:	**2**
Anzahl der Rollbehälterstellplätze:	**15**
Baujahr(e):	**1891...1921**
Jahr(e) des Umbaus:	**1958...1962**
Ausmusterung:	**1968/69**

DP **Post 4-b(-cI)/12** (Post 4-a(-b)/12) **1748...2582**

Unter den 18 vierachsigen normalspurigen 12 m langen Bpw der DP befanden sich drei Wagen der Gattung a, einer der Gattung c und 14 der Gattung Post 4-b/12. Das genietete Untergestell bestand aus Walzprofilen und trug auf Zwischenlagen aus Filz den hölzernen Wagenkasten. Die Langträger waren im mittleren Bereich verstärkt. Der Wagenkasten hatte gewölbte Seitenwände, ein Oberlichtdach und ein hoch gesetztes Bremserhäuschen. Die Wände waren außen mit vertikal verlaufenden Blechbahnen bekleidet, die Fugen waren durch aufgeschraubte Abdeckleisten verdeckt. Zwei der a-Wagen wurden bereits 1950 und 1952 in Gattung b umgebaut. Fünf andere wurden mit der Herrichtung für den RBehV in den Jahren 1960 bis 1963 in die Gattung cl umgewandelt. Nur einer von ihnen erhielt Ladeschiebetüren. Für die Einrichtung der Bp Berlin - Malmö im Jahr 1954 wurden acht der Wagen für die Trajektierung auf der Fährroute Saßnitz-Trelleborg hergerichtet. Dazu gehörten mehrere Anhebestellen an beiden Langträgern sowie sog. Fährösen zum Verzurren der Wagen während der Überfahrt. Schon ab 1957 wurden anstelle der Post 4-b/12 die neu gebauten 15 m-Wagen auf der Bahnpost Berlin – Malmö eingesetzt. Ein Post 4-b/12 kam in das Rekonstruktionsprogramm 1961–1964.

Wagen-Nr(n) (bis 1967):	**1748...2582**
Wagen-Nr(n) (UIC):	**–**
Bauartnummer / Bauart:	**– / POh**
Übersichtsblatt-Nr.:	**P.I.5.;P.I.3. m. Änderungen**
Länge über Puffer:	**13 700 mm**
Länge des Wagenkastens:	**12 000 mm**
Höhe über SO:	**4 057 mm**
Laufwerksbauart:	**preußische Regelbauart**
Drehzapfenabstand:	**8 000 mm**
Drehgestellachsabstand:	**2 500 mm**
Höchstgeschwindigkeit:	**120 km/h**
Bremse:	**W, K**
Heizung:	**Nuhz, Ohz**
Lüftung:	**Oberlichtf.**
Beleuchtung:	**El B**
Eigenmasse:	**23,6...28,7 t**
Lastgrenze (Tragfähigkeit):	**8 t**
Anzahl der Briefräume:	**1**
Anz. d. Briefverteilfächer:	**129**
Anz. d. Grobverteilfächer:	**10**
Anz. d. Beutelspannvor.:	**1**
Anz. d. Pack-/Laderäume:	**2**
Anzahl der Rollbehälterstellplätze:	**–**
Baujahr(e):	**1893...1908**
Jahr(e) des Umbaus:	**1960...1963**
Ausmusterung:	**1956...1969**

DP **Post -b(-c,-cI)/10** (Post -b/10) **1828...3191**

Die DRP hatte zwischen 1929 und 1934 auch einige Wagen der Gattung Post 3-b/10 zu Zweiachsern umbauen lassen. Dreizehn dieser Wagen gelangten zur DP. Diese ließ 1954 einen weiteren 3-b/10 in gleicher Weise umbauen. Hierbei wurde das genietete Untergestell durch zwei ebene Sprengwerke aus Walzprofilen verstärkt. Die hölzernen mit Blechen beschlagenen Wagenkästen blieben bei diesem Umbau noch unverändert. Das Bild zeigt den Bpw Nr. 3191, der äußerlich nur durch den Abbau des hoch gesetzten Bremserhauses verändert wurde. Er ist aber schon provisorisch für den RBehV hergerichtet, wobei der Abort noch im Laderaum belassen worden ist. Die Wagen besaßen Glühlampenbeleuchtung, die aus unter dem Wagen mitgeführten Batterien gespeist wurden. Solange die Wagen noch keine Lichtmaschine hatten, mussten die schweren Batterien häufig ausgetauscht werden. Wie bei allen Gattungen war auch hier eine Anzahl der Wagen mit elektrischen Durchgangsheizleitungen ausgestattet. Eine elektrische Heizung hatten die zwei- und dreiachsigen Wagen in der Regel nicht. Mit den Umbauarbeiten für den RBehV wurden gleichzeitig sieben Wagen in Gattung c und fünf Wagen in Gattung cl umgebaut. Fünf dieser Wagen kamen in das Rekonstruktionsprogramm 1961–1964.

Wagen-Nr(n) (bis 1967):	**1828...3191**
Wagen-Nr(n) (UIC):	**–**
Bauartnummer / Bauart:	**– / POh**
Übersichtsblatt-Nr.:	
Länge über Puffer:	**11 700 mm**
Länge des Wagenkastens:	**10 000 mm**
Höhe über SO:	**4 140 mm**
Achsabstand:	**7 500 mm**
Laufwerksbauart:	**Personenwagenlaufwerk, VLA**
Höchstgeschwindigkeit:	**90 km/h**
Bremse:	**W, Kk**
Heizung:	**Ohz, Nuhz**
Lüftung:	**stat.; BA Wendler**
Beleuchtung:	**El B**
Eigenmasse:	**16,3...17,7 t**
Lastgrenze (Tragfähigkeit):	**7,5 t**
Anzahl der Briefräume:	**1**
Anz. d. Briefverteilfächer:	**148**
Anz. d. Grobverteilfächer:	
Anz. d. Beutelspannvorr.:	**1**
Anz. d. Pack-/Laderäume:	**1**
Anzahl der Rollbehälterstellplätze:	**12**
Baujahr(e):	**1896...1916**
Jahr(e) des Umbaus:	**1959...1964**
Ausmusterung:	**1969–1970**

DP **KPost 4-b/12** 2491², 2492²

Im Jahr 1950 ließ die DP zwei vierachsige 750 mm-Schmalspur-Bpw für die Strecke Wilkau-Haßlau - Schönheide Süd bauen. Sie waren in vollständig geschweißter Ganzstahlbauweise gefertigt. An den Außenseiten hatten sie durchgehende Laufbretter mit den dazu gehörigen Griffstangen. Gemäß den Einsatzbedingungen verfügten sie über Scharfenbergkupplungen, Saugluftbremsen und für die Mitfahrt in Zügen mit Heberleinbremse Schnurrollenböcke auf dem Dach, Aufstiegstritte und -griffe an den Stirnwänden und Laufplanken auf dem Dachscheitel. An einer Strirnwand befand sich das Handrad einer vom Boden aus bedienbaren Feststellbremse. Die wiegenträgerlosen genieteten Drehgestelle bestanden aus Pressblechen und Walzprofilen. Durch beiderseitige Ausgleichhebel zwischen den Tragfedern wurde ein sicherer Lauf auch bei ungünstiger Gleislage erreicht. Für die Versorgung der Glühlampenbeleuchtung hatten die Wagen Generatoren und Batteriesätze und außerdem die Anschlussmöglichkeit an die Turbobeleuchtung des Zuges. Zum Anschließen elektrischer Oberwagenlaternen waren bei den Laternenstützen entsprechende Steckdosen. Nach der Einstellung der Postbeförderung auf dieser Strecke wurden die Wagen 1958 an die DR abgegeben.

Wagen-Nr(n) (bis 1967):	**2491², 2492²**
Wagen-Nr(n) (UIC):	**–**
Bauartnummer / Bauart:	**– / PT**
Übersichtsblatt-Nr.:	**014.1.01.01.**
Länge über Puffer:	**12 900 mm**
Länge des Wagenkastens:	**12 000 mm**
Höhe über SO:	**3 050 mm**
Laufwerksbauart:	**Schmalspur-Einheitsdrehgestell**
Drehzapfenabstand:	**8 500 mm**
Drehgestellachsabstand:	**1 300 mm**
Höchstgeschwindigkeit:	**30 km/h**
Bremse:	**Körting**
Heizung:	**Ohz, Nuhz**
Lüftung:	**stat.; BA Stat.; BA Kuckuck**
Beleuchtung:	**El B**
Eigenmasse:	**14 t**
Lastgrenze (Tragfähigkeit):	**7,5 t**
Anzahl der Briefräume:	**1**
Anz. d. Briefverteilfächer:	**98**
Anz. d. Grobverteilfächer:	**4**
Anz. d. Beutelspannvorr.:	**1**
Anz. d. Pack-/Laderäume:	**2**
Anzahl der Rollbehälterstellplätze:	**–**
Baujahr(e):	**1950**
Jahr(e) des Umbaus:	**–**
Ausmusterung:	**–**

DP **Post 4-b/17** (Post 4ü-b/17) **2543...3236**

Ab 1908 beschaffte die DRP u. a. 17 m lange Bpw mit Übergangseinrichtungen, um nach einer Reihe von tragischen Unfällen mit Personenschaden dem gewachsenen Sicherheitsbedürfnis Rechnung zu tragen. Neun dieser Wagen verblieben bei der DP. Sie hatten einen hölzernen Wagenkasten mit Oberlichtdach. An beiden Wagenenden befanden sich einflüglige Einstiegsdrehtüren. Für die Anordnung der Ladetüren in der Seitenwand gab es mehrere Varianten. Die in der Ebene der Seitenwände liegenden Langträger aus Eichenholz waren mit einem 8 mm starken Stahlblech beplankt und wurden durch ebene Sprengwerke unterstützt. So bildete das Untergestell mit den Wänden und dem Dach einen selbsttragenden Kasten und war nicht, wie bisher üblich, als eigenständige Baugruppe auf ein besonderes Untergestell aufgesetzt. Auch die Wiegenträger einiger ihrer Drehgestelle bestanden aus stahlarmiertem Eichenholz. Ein Teil der Wagen hatte einen durchgehenden Seitengang, der am Postbetriebsraum vorbei führte. Neben den üblichen postalischen Einrichtungen waren diese Wagen jeweils mit einem Wertgelass und einem verschließbaren Verteilspind ausgestattet. Die Übergangseinrichtungen ließ die DP ab 1957 bei allen Wagen ausbauen. Auch diese Wagen wurden für den RBehV hergerichtet.

Wagen-Nr(n) (bis 1967):	**2543...3236**
Wagen-Nr(n) (UIC):	**–**
Bauartnummer / Bauart:	**– / DOkh**
Übersichtsblatt-Nr.:	**B.p. 78^3**
Länge über Puffer:	**18 290 mm**
Länge des Wagenkastens:	**16 990 mm**
Höhe über SO:	**4 100 mm**
Laufwerksbauart:	**amerik. Bauart**
Drehzapfenabstand:	**12 000 mm**
Drehgestellachsabstand:	**2 150 mm**
Höchstgeschwindigkeit:	**120 km/h**
Bremse:	**Kksbr**
Heizung:	**Nuhz, Ohz**
Lüftung:	**stat.; BA Wendler**
Beleuchtung:	**El B**
Eigenmasse:	**40...41,8 t**
Lastgrenze (Tragfähigkeit):	**8 t**
Anzahl der Briefräume:	**1**
Anz. d. Briefverteilfächer:	**178**
Anz. d. Grobverteilfächer:	**3**
Anz. d. Beutelspannvorr.:	**1**
Anz. d. Pack-/Laderäume:	**1**
Anzahl der Rollbehälterstellplätze:	**11**
Baujahr(e):	**1908...1918**
Jahr(e) des Umbaus:	**1957...1964**
Ausmusterung:	**1965...1969**

DP **Post -cI/8,5** (Post -c/8,5) **2613...3510**

Die Bearbeitung der Briefe einerseits und der Pakete andererseits hatten schon 1851 zu entsprechender Raumaufteilung in den Bpw geführt. Daneben gab es auch solche, die in ganzer Länge mit Einrichtungen für die Briefbearbeitung ausgestattet waren. Die unterschiedliche Eilbedürftigkeit von Briefen und Paketen sowie auch unterschiedliche Ladungsanteile führten 1908 zum Bau der Päckereiwagen. Sie waren in Güterwagenbauart mit Flachdach und Bremserhaus ausgeführt und enthielten im Inneren nichts außer zweier Paketkeller. Schon die zweite Serie, ebenfalls 1908, war mit Stapelwänden (Stummelwände) neben den vier Ladetüren und mit Packbrettern längs der Wände in 1,5 m über dem Fußboden ausgestattet. Lieferungen ab 1911 bekamen erforderlichen Falles einen Kohleofen, ab 1913 ein kleines Verteilfachwerk, Abort und Klappwaschbecken. Die Wagen besaßen ein klassisches Güterwagenuntergestell mit seitlichen Konsolen, an denen die außen liegenden Kastensäulen angenietet waren, eine einlösige Druckluftbremse sowie ein Laufwerk mit Gleitachslagerradsätzen und Blattfedern mit Laschengehänge. Die langen Laufbretter hatte die DRP bereits entfernt. Die DP baute diese Bpw für den RBehV um und stattete sie mit den Standard-Ladetüren aus.

Wagen-Nr(n) (bis 1967):	**2613...3510**
Wagen-Nr(n) (UIC):	**09-20 050–079**
Bauartnummer / Bauart:	**09 050 / GFg**
Übersichtsblatt-Nr.:	**P.I.7.**
Länge über Puffer:	**10 100 mm**
Länge des Wagenkastens:	**8 500 mm**
Höhe über SO:	**4 255 mm**
Achsabstand:	**4 500 mm**
Laufwerksbauart:	**Güterwagenlaufwerk, VLA**
Höchstgeschwindigkeit:	**75 km/h**
Bremse:	**W, K, Kkpbr**
Heizung:	**–**
Lüftung:	**Luftsauger**
Beleuchtung:	**El B**
Eigenmasse:	**11,2...14,7 t**
Lastgrenze (Tragfähigkeit):	**8 t**
Anzahl der Briefräume:	**–**
Anz. d. Briefverteilfächer:	**–**
Anz. d. Grobverteilfächer:	**–**
Anz. d. Beutelspannvorr.:	**–**
Anz. d. Pack-/Laderäume:	**2**
Anzahl der Rollbehälterstellplätze:	**15**
Baujahr(e):	**1908...1924**
Jahr(e) des Umbaus:	**1959...1963**
Ausmusterung:	**1953...1976**

DP **Post aa-cI/8,5** (Post -c/8,5) 2613...3510

Nachdem bereits die DRP die langen Laufbretter und Handläufe entfernt, die DP die Paketkeller und Bremserhäuser abgebaut und durch Handbremsbühnen ersetzt, sie in Gattung cl umgebaut und für den RBehV hergerichtet, dann noch das Laufwerk umgebaut hatte, erhielten 12 dieser Wagen in den Jahren 1965-67 ihre letzte Veränderung vor dem Ausmustern. Beim Herrichten der Wagen für den RBehV mussten die Packbretter und Stapelwände ausgebaut werden. Damit verringerte sich die Stabilität der Wagenkästen erheblich. Jeder Rangierstoß gegen einen mit RBeh beladenen Wagen dieser Bauart verursachte eine Diagonalverschiebung der Seitenwände, der die gespundeten Bretter kaum Widerstand entgegensetzten. Dabei wurden die Ecksäulen übermäßig auf Biegung beansprucht. Häufige Anrisse waren die Folge. Mit der Außenverblechung erreichte man eine wesentlich höhere Stabilität des Wagenkastens. Damit verloren die Wagen gleichzeitig das Aussehen von Güterwagen und waren nun auch für die Reinigung in Waschanlagen geeignet. Die Inneneinrichtung bestand aus den Rammleisten an den Wänden, Rammkonsolen vor den Stirnwänden, den Sperrketten und drehbaren Leitern, die die Möglichkeit zum Anlegen von Paketstapeln boten.

Wagen-Nr(n) (bis 1967):	**2613...3510**
Wagen-Nr(n) (UIC):	**09-20 050–079**
Bauartnummer / Bauart:	**09 050 / GFg**
Übersichtsblatt-Nr.:	**P.I.7.**
Länge über Puffer:	**10 100 mm**
Länge des Wagenkastens:	**8 500 mm**
Höhe über SO:	**4 265 mm**
Achsabstand:	**4 500 mm**
Laufwerksbauart:	**überkritisches Laufwerk**
Höchstgeschwindigkeit:	**90 km/h**
Bremse:	**W, K, Kkpbr**
Heizung:	**–**
Lüftung:	**Fallfenster**
Beleuchtung:	**El B**
Eigenmasse:	**11,2...14,7 t**
Lastgrenze (Tragfähigkeit):	**10,5 t**
Anzahl der Briefräume:	**Begleiterraum**
Anz. d. Briefverteilfächer:	**–**
Anz. d. Grobverteilfächer:	**–**
Anz. d. Beutelspannvorr.:	**–**
Anz. d. Pack-/Laderäume:	**2**
Anzahl der Rollbehälterstellplätze:	**15**
Baujahr(e):	**1908...1924**
Jahr(e) des Umbaus:	**1959...1963**
Ausmusterung:	**1968...1979**

DP **Post 4-b/17** (Post 4-a(-b)/17) **2638...2991**

Ebenfalls ab 1908 sind Wagen dieser Bauart durch die KDP beschafft worden. Als Gattungen a, b und bl kamen 18 Wagen in den Bestand der DP. Sie waren hauptsächlich bei den Bahnpostämtern Leipzig, Dresden und Magdeburg beheimatet. Ihr Untergestell bestand aus Walzprofilen und einem ebenen Sprengwerk aus Rundstahl mit Spannschloss. Der aufgesetzte hölzerne Wagenkasten hatte gewölbte Seitenwänden und ein hoch gesetztes Bremserhaus. Die ursprünglich vorhandenen langen durchlaufenden Trittbretter und Griffstangen hatte die DRP zur Abwehr von Beraubungsfällen bereits ab 1936 bei allen Bpw und Postabteilen abbauen lassen. Für die Stromversorgung der schon ab Hersteller vorhandenen Glühlampenbeleuchtung dienten ein Generator und ein Satz Batterien. Ab 1955 wurden entsprechend dem Bedarf Gattungsänderungen durch Verkleinerung oder Ausbau der großen Briefräume vorgenommen. Die Gattung Post 4-c/17, Bauart POh, entstand damit neu. Mit diesen Umbauten wurden die Wagen z. T. gleichzeitig provisorisch für den RBehV hergerichtet. Die mit einem schwarzen »B« in einem weißen Kreis gekennzeichneten Behälterladetüren erhielten veränderte Trittstufen und Türanschlagpuffer sowie Feststellvorrichtungen für den geöffneten Zustand.

Wagen-Nr(n) (bis 1967):	**2638...2991**
Wagen-Nr(n) (UIC):	**–**
Bauartnummer / Bauart:	**– / POh**
Übersichtsblatt-Nr.:	**B.p. 35**
Länge über Puffer:	**18 700 mm**
Länge des Wagenkastens:	**17 000 mm**
Höhe über SO:	**4 133 mm**
Laufwerksbauart:	**amerik. Bauart**
Drehzapfenabstand:	**12 000 mm**
Drehgestellachsabstand:	**2 150 mm**
Höchstgeschwindigkeit:	**120 km/h**
Bremse:	**Kpbr, Wpbr**
Heizung:	**Nuhz, Ohz**
Lüftung:	**stat.; BA Wendler**
Beleuchtung:	**El B**
Eigenmasse:	**33,8...38 t**
Lastgrenze (Tragfähigkeit):	**8 t**
Anzahl der Briefräume:	**1**
Anz. d. Briefverteilfächer:	**190**
Anz. d. Grobverteilfächer:	
Anz. d. Beutelspannvorr.:	
Anz. d. Pack-/Laderäume:	**2**
Anzahl der Rollbehälter-stellplätze:	**12**
Baujahr(e):	**1908...1913**
Jahr(e) des Umbaus:	**1955...1964**
Ausmusterung:	**1966...1969**

DP **Post 4-b/17** (Post 4-a(-b)/17) **2638...2991**

Zur Erhöhung der Sicherheit für die Bp-Begleiter hatten diese Wagen an jedem Ende ein 2 m langes Schutzabteil. Die hölzernen Wagenkästen waren mit vertikalen Blechbahnen beschlagen, deren Fugen mittels Abdeckleisten verdeckt waren. Wie bei allen hölzernen Wagen war über die Flächen des Daches Segeltuch gespannt und durch einen bituminösen Anstrich imprägniert. Während ein Teil dieser Wagen mit Drehgestellen der preußischen Regelbauart ausgestattet war, besaßen die übrigen solche amerikanischer Bauart. Bis zum Jahre 1964 erreichte ein Teil der zuvor beschriebenen Wagen durch den Einbau von Ladeschiebetüren die endgültige Ausbaustufe für den RBehV. Während der Elektrifizierung des Sächsischen Dreiecks erhielten 14 Wagen elektrische Heizeinrichtungen. Die hoch gesetzten Bremserhäuser wurden wegen der Gefahren unter Spannung führenden Fahrleitungen entfernt und durch Handbremsbühnen ersetzt. Damit verschwanden auch die Aufstiegstritte und Griffstangen an den Stirnwänden. Die Laternenstützen wurden entsprechend niedriger angebracht. Wegen des Reinigungsaufwandes und des geringen Beleuchtungseffektes entfernte man die Oberlichtfenster. Alle diese Veränderungen prägten das Aussehen dieser Wagen in ihren letzten Einsatzjahren.

Wagen-Nr(n) (bis 1967):	**2638...2991**
Wagen-Nr(n) (UIC):	**–**
Bauartnummer / Bauart:	**– / POh**
Übersichtsblatt-Nr.:	**B.p. 35**
Länge über Puffer:	**18 700 mm**
Länge des Wagenkastens:	**17 000 mm**
Höhe über SO:	**4 133 mm**
Laufwerksbauart:	**amerik. Bauart**
Drehzapfenabstand:	**12 000 mm**
Drehgestellachsabstand:	**2150 mm**
Höchstgeschwindigkeit:	**120 km/h**
Bremse:	**Kpbr, Wpbr**
Heizung:	**Nuhz, Ohz**
Lüftung:	**stat.; BA Wendler**
Beleuchtung:	**El B**
Eigenmasse:	**33,8...38 t**
Lastgrenze (Tragfähigkeit):	**8 t**
Anzahl der Briefräume:	**1**
Anz. d. Briefverteilfächer:	**190**
Anz. d. Grobverteilfächer:	
Anz. d. Beutelspannvorr.:	
Anz. d. Pack-/Laderäume:	**2**
Anzahl der Rollbehälterstellplätze:	**24**
Baujahr(e):	**1908...1913**
Jahr(e) des Umbaus:	**1955...1964**
Ausmusterung:	**1966...1969**

DP **Post a-cI/10** (Post 3-c/10) **2802...3650**

Auf die Labilität der Wagenkästen dieser Gattung nach dem Ausbau der Packbretter und Stapelwände ist schon hingewiesen worden. Das häufige Anlaufen der RBeh-Gruppen gegen die Stirnwände bei Rangierstößen bewirkte eine Diagonalverschiebung der Seitenwände, die von den Konsolen und Seitenwandsäulen elastisch aufgenommen wurde. Neben den Knotenblechen der Seitenwand kam es immer wieder zu Anrissen an den Ecksäulen. Nachdem viele dieser Wagen im Rekoprogramm 1961–1964 modernisiert worden waren, erhielten einige der verbliebenen äußere Blechwände. Damit bekamen die Wagenkästen eine wesentlich höhere Stabilität, ein besseres Aussehen und sie konnten nun in mechanisierten Außenreinigungsanlagen behandelt werden. Auch die Sicherung der RBeh wurde verbessert. Die Sperrketten, die die RBeh an Bewegungen während der Fahrt hindern sollten, waren anfänglich auf halber Höhe an den Türsäulen, bei Schiebetüren auch an der Türtasche angeschlagen. Diese erwiesen sich als viel zu schwach und so kam es zu häufigen Beschädigungen, für deren Beseitigung die Wagen den DR-Werkstätten zugeführt werden mussten. Das Verlegen der Anschlagpunkte an Boden- und Oberrahmen der Seitenwand brachte eine gute Lösung.

Wagen-Nr(n) (bis 1967):	**2802...3650**
Wagen-Nr(n) (UIC):	**90-15 350–354**
Bauartnummer / Bauart:	**90 350 / GF**
Übersichtsblatt-Nr.:	**P.I.8.**
Länge über Puffer:	**11 600 mm**
Länge des Wagenkastens:	**10 000 mm**
Höhe über SO:	**3 457 mm**
Achsabstand:	**7 500 mm**
Laufwerksbauart:	**Personenwagen-laufwerk, VLA**
Höchstgeschwindigkeit:	**90 km/h**
Bremse:	**K, Kk, W, Hik**
Heizung:	**–**
Lüftung:	**ohne**
Beleuchtung:	**El B**
Eigenmasse:	**16,2...18,6 t**
Lastgrenze (Tragfähigkeit):	**10,5 t**
Anzahl der Briefräume:	**–**
Anz. d. Briefverteilfächer:	**–**
Anz. d. Grobverteilfächer:	**–**
Anz. d. Beutelspannvorr.:	**–**
Anz. d. Pack-/Laderäume:	**2**
Anzahl der Rollbehälter-stellplätze:	**18**
Baujahr(e):	**1910...1925**
Jahr(e) des Umbaus:	**1958...1961**
Ausmusterung:	**1970...1978**

DP **Post a-cI/10** (Post 3-c/10) **2802...3787**

Diese Wagen hatte die DRP für die begleitete Paketbeförderungen beschafft. Ihr klassisches Güterwagenuntergestell bestand aus Walzprofilen und trug seitliche Konsolen, an denen die Kastensäulen befestigt waren. Untergestell und Wagenkastengerippe waren genietet. Bodenrahmen und Dachrahmen sowie die Spriegel waren ebenfalls aus Walzprofilen. Jeweils nur an den vier Ecken der Seiten- und Stirnwände waren Knotenbleche angeordnet. Das flach gewölbte Dach war mit einer Bitumendecke überzogen und wurde vom hoch gesetzten Bremserhaus überragt. Für die Begleitung des Wagens waren Sitzgelegenheit, Kohleofen mit Zubehör und Abort vorhanden. Längs der Wände befanden sich ca. 1,4 m über FO Packbretter, beiderseits der Ladetüren waren bis zur Decke Stapelwände. Unter Klappen im Fußboden befanden sich Paketkeller. Fünfzig dieser Wagen waren im Bestand der DP. Außerhalb des o .a. Nummernbereiches gab es Wagen, die in Zweitbelegung die Nummern 1176, 2349 und 3981 von nicht mehr existenten Bpw anderer Gattungen erhalten hatten. Bei der Herrichtung für den RBehV wurden Packbretter und Stapelwände ausgebaut, wodurch der Wagenkasten erheblich an Stabilität verlor. 26 Wagen wurden in Gattung cl umgebaut, 21 kamen ins Rekonstruktionsprogramm 1961–1964.

Wagen-Nr(n) (bis 1967):	2802...3787
Wagen-Nr(n) (UIC):	–
Bauartnummer / Bauart:	– / GF
Übersichtsblatt-Nr.:	P.I.8.
Länge über Puffer:	11 600 mm
Länge des Wagenkastens:	10 000 mm
Höhe über SO:	4 265 mm
Achsabstand:	7 500 mm
Laufwerksbauart:	Personenwagenlaufwerk, VLA
Höchstgeschwindigkeit:	90 km/h
Bremse:	K, Kk, W, Hik
Heizung:	Ohz
Lüftung:	Fallfenster
Beleuchtung:	El B
Eigenmasse:	16,2...18,6 t
Lastgrenze (Tragfähigkeit):	10,5 t
Anzahl der Briefräume:	Begleiterraum
Anz. d. Briefverteilfächer:	–
Anz. d. Grobverteilfächer:	–
Anz. d. Beutelspannvorr.:	–
Anz. d. Pack-/Laderäume:	3
Anzahl der Rollbehälterstellplätze:	14
Baujahr(e):	1910...1926
Jahr(e) des Umbaus:	1958...1966
Ausmusterung:	1970...1978

DP **Post -b(-c)/17** (Post 4ü-b/17) **2979...3906**

In den Jahren 1912, 1918 sowie 1920 bis 1926 beschaffte die DRP insgesamt 128 Stück 17 m langer Bpw in mehreren Baulosen, die zunächst als Gattungen D IVa(M) und D IVb(M) bezeichnet wurden. Sie waren in genieteter Stahlbauart hergestellt, hatten aber noch ein hölzernes Oberlichtdach. Ihre Wagenenden waren abgeschrägt (Hechtwagen) und besaßen Übergangseinrichtungen. Unterhalb der Seitenwände waren die Außenlangträger mit den angenieteten Z-Profilen der Kastensäulen sichtbar. Für die Dachenden gab es zwei Varianten. Während bei den einen die Traufkanten im abgeschrägten Teil des Wagens zur Stirnwand hin anstiegen, waren sie bei den anderen Wagen horizontal bis zur Stirnwand weiter geführt. Bei diesen waren ca. 1,5 m der Dach-enden in Blech ausgeführt. Sie besaßen elektrische Glühlampenbeleuchtung. Die Stromversorgung geschah durch Batterien und flachriemengetriebene Generatoren. 1945 gelangten 26 Wagen als Gattungen a, b und bl zur DP. Entsprechend den veränderten Betriebsbedürfnissen wurden die Übergangseinrichtungen und die Paketkeller ausgebaut, alle a-Wagen 1955-59 in b und acht Wagen 1960/61 in c umgebaut. Alle Wagen wurden für den RBehV hergerichtet, wofür die Tragfähigkeit ausreichend war. Sie erhielten Ladeschiebetüren.

Wagen-Nr(n) (bis 1967):	**2979...3906**
Wagen-Nr(n) (UIC):	**00-20 200–217**
Bauartnummer / Bauart:	**00 200 / DOz**
Übersichtsblatt-Nr.:	**285**
Länge über Puffer:	**18 600 mm**
Länge des Wagenkastens:	**17 300 mm**
Höhe über SO:	
Laufwerksbauart:	**amerik. Bauart**
Drehzapfenabstand:	**12 500 mm**
Drehgestellachsabstand:	**2 150 mm**
Höchstgeschwindigkeit:	**120 km/h**
Bremse:	**Kksbr**
Heizung:	**Nuhz, Ohz**
Lüftung:	**stat.; BA Wendler**
Beleuchtung:	**El B**
Eigenmasse:	**34...37 t**
Lastgrenze (Tragfähigkeit):	**10,5 t**
Anzahl der Briefräume:	**1**
Anz. d. Briefverteilfächer:	**98**
Anz. d. Grobverteilfächer:	**6**
Anz. d. Beutelspannvorr.:	**1**
Anz. d. Pack-/Laderäume:	**2**
Anzahl der Rollbehälterstellplätze:	**17**
Baujahr(e):	**1914...1926**
Jahr(e) des Umbaus:	**1957...1961**
Ausmusterung:	**1970...1976**

DP **Post a-cI/10** (Post 3-c/10) **3472...3811**

Die DP hatte 39 Wagen dieser Bauart. Bis auf einen der Gattung b gehörten alle der Gattung c an. Briefkästen hatten diese Wagen nicht, da auch sie für die reine Paketbeförderung bestimmt waren. Ein Bpw dieser Bauart hat die Nr. 2352 in Zweitbelegung erhalten. Mit dieser Bauart wurden eine Reihe von Veränderungen eingeführt. Untergestell und das Wagenkastengerippe waren genietet und bestanden aus Walzprofilen und Blechen. Die schlanken Außenlangträger bestanden aus dem Profil U 200. Im Bereich der Laufwerke waren parallel dazu gleiche Profile (Doppellangträger) angeordnet, die die Achshalter und Federböcke aufzunehmen hatten. Die Kastensäulen waren direkt am Außenlangträger angenietet. Die Eck- und Türsäulen jeder Wand waren durch Knotenbleche am Untergestell und am Dachrahmen versteift. Damit besaßen diese Wagenkästen eine weitaus höhere Stabilität als ihre Vorgänger mit dem Flachdach. Das Oberlichtdach besaß eiserne Spriegel. Dach, Seiten- und Stirnwände bestanden aus Holz. An Stelle des sonst üblichen Bremserhauses besaßen diese Wagen eine Handbremsbühne. Zur Inneneinrichtung gehörten neben Packbrettern, Stapelwänden und Paketkellern ein Kohleofen mit Zubehör und ein Abort. 20 Wagen kamen in das Rekoprogramm 1964.

Wagen-Nr(n) (bis 1967):	**3472...3811**
Wagen-Nr(n) (UIC):	**–**
Bauartnummer / Bauart:	**– / GO**
Übersichtsblatt-Nr.:	**B.p. 596**
Länge über Puffer:	**11 950 mm**
Länge des Wagenkastens:	**10 000 mm**
Höhe über SO:	**4 130 mm**
Achsabstand:	**7 500 mm**
Laufwerksbauart:	**Personenwagen-laufwerk, VLA**
Höchstgeschwindigkeit:	**90 km/h**
Bremse:	**Kkpbr**
Heizung:	**Ohz**
Lüftung:	**stat.; BA Wendler**
Beleuchtung:	**El B**
Eigenmasse:	**16...17,9 t**
Lastgrenze (Tragfähigkeit):	**10,5 t**
Anzahl der Briefräume:	**Begleiterraum**
Anz. d. Briefverteilfächer:	**–**
Anz. d. Grobverteilfächer:	**–**
Anz. d. Beutelspannvorr.:	**–**
Anz. d. Pack-/Laderäume:	**2**
Anzahl der Rollbehälter-stellplätze:	**15**
Baujahr(e):	**1924–1926**
Jahr(e) des Umbaus:	**1958...1964**
Ausmusterung:	**1969–1979**

DP **Post aa-cI/10** (Post -b/10) **3657...4023**

Die DP hatte fünf Wagen dieser Bauart, die zunächst der Gattung Post -b/10 angehörten. Die Untergestelle und die Wände der Wagenkästen bestanden aus Stahlprofilen und -blechen und waren genietet. Die mit imprägnierten Leinendecken bespannten Dächer bestanden aus Holz. Die Z-Profile der Seitenwandsäulen waren an den äußeren der Doppellangträger des Untergestells angenietet. Auch bei diesen Wagen gab es die im unteren Teil gewölbten Seitenwände. Zwei Schrägstreben und eine vertikale Stütze aus Winkelprofilen bildeten ein ebenes Sprengwerk, das mit den inneren der Doppellangträger vernietet war. Diese inneren Langträger waren an einem Wagenende über den Wagenkasten hinaus verlängert und trugen die Handbremsbühne mit Handbremskurbel und -spindel sowie dem Notbremsventil. Die DP ließ drei der Wagen in Gattung cl umbauen und für den RBehV herrichten. Das Schließen der Oberlichtfenster, der Einbau von Schiebetüren und neuen Seitenwandfenstern veränderte das Aussehen dieser Bpw wesentlich. Vier der Wagen waren mit flachriemengetriebenen Generatoren ausgestattet, während der Fünfte nur über eine Batterie verfügte. Alle zwei- und dreiachsigen Bpw waren mit Gleitachslagern ausgestattet. Ein Umrüsten auf Rollenlager (Bild) war eine absolute Ausnahme.

Wagen-Nr(n) (bis 1967):	**3657...4023**
Wagen-Nr(n) (UIC):	**09-20 350–352**
Bauartnummer / Bauart:	**09 350 / PO**
Übersichtsblatt-Nr.:	
Länge über Puffer:	**11 750 mm**
Länge des Wagenkastens:	**1 000 mm**
Höhe über SO:	
Achsabstand:	**7 500 mm**
Laufwerksbauart:	**Personenwagen-**
	laufwerk, VLA
Höchstgeschwindigkeit:	**90 km/h**
Bremse:	**Kk**
Heizung:	**–**
Lüftung:	**stat.; BA Wendler**
Beleuchtung:	**El B**
Eigenmasse:	**17,7...18 t**
Lastgrenze (Tragfähigkeit):	**7,5 t**
Anzahl der Briefräume:	**–**
Anz. d. Briefverteilfächer:	**–**
Anz. d. Grobverteilfächer:	**–**
Anz. d. Beutelspannvorr.:	**–**
Anz. d. Pack-/Laderäume:	**2**
Anzahl der Rollbehälter-	
stellplätze:	**18**
Baujahr(e):	**1924, 1928**
Jahr(e) des Umbaus:	**1963...1969**
Ausmusterung:	**1978...1981**

DP **Post aa-cI/8,5** (Post -b/8,5) **3678...4066**

Nach der Einführung der genieteten Stahlbauart beschaffte die DRP mehrere Wagengattungen, die sich mit Raumgröße, Einrichtungen und Ausstattungen schon in Holzbauweise bewährt hatten. Die Untergestelle hatten Doppellangträger, wobei die äußeren die Kastensäulen und die inneren Träger die Achshalter und Federböcke trugen. An Stelle des früher üblichen Bremserhauses hatten sie eine Handbremsbühne. Die Dächer waren aus Holz und mit imprägnierten Leinendecken bespannt. In Auswertung einer Serie von Raubüberfällen musste die DRP ab 1936 bei allen Bpw die äußeren langen Laufbretter durch Trittstufen unter den Türen ersetzen und die Handläufe entfernen lassen. Die DP hatte 15 Wagen der Gattung Post -b/8,5, Bauart PO. Wegen der Streckenelektrifizierung hatte die DP die Aufstiegstritte an den Stirnwänden entfernen und die Laternenstützen tiefer setzen lassen. Beim Umbau in Gattung cl wurden u.a. die Inneneinrichtungen ausgebaut und die Briefkästen geschlossen. Für den RBehV wurde ein starker Kieferholzfußboden, Rammleisten an den Wänden und die üblichen Behältersicherungseinrichtungen eingebaut. Beim provisorischen Umbau wurden die Ladedrehtüren belassen, aber die Türanschlagpuffer verändert und Türfeststellvorrichtungen angebaut.

Wagen-Nr(n) (bis 1967):	**3678...4066**
Wagen-Nr(n) (UIC):	**09-20 250–264**
Bauartnummer / Bauart:	**09 250 / PO**
Übersichtsblatt-Nr.:	**B.p. 550**
Länge über Puffer:	**10 390 mm**
Länge des Wagenkastens:	**8 500 mm**
Höhe über SO:	**4 280 mm**
Achsabstand:	**4 500 mm**
Laufwerksbauart:	**Personenwagen-laufwerk, VLA**
Höchstgeschwindigkeit:	**90 km/h**
Bremse:	**Kkpbr**
Heizung:	**–**
Lüftung:	**stat.; BA Wendler**
Beleuchtung:	**El B**
Eigenmasse:	**14,7...15,7 t**
Lastgrenze (Tragfähigkeit):	**5 t**
Anzahl der Briefräume:	**–**
Anz. d. Briefverteilfächer:	**–**
Anz. d. Grobverteilfächer:	**–**
Anz. d. Beutelspannvorr.:	**–**
Anz. d. Pack-/Laderäume:	**2**
Anzahl der Rollbehälter-stellplätze:	**15**
Baujahr(e):	**1925–1928**
Jahr(e) des Umbaus:	**1960**
Ausmusterung:	**1973...1980**

DP **Post aa-cI/8,5** (Post -b/8,5) **3678...4066**

Bpw, die zunächst provisorisch für den RBehV hergerichtet worden waren, erhielten mit der nächsten größeren Schadgruppenuntersuchung den endgültigen Umbau. Das Einbauen der Standard-Ladeschiebetüren in Wagen, deren Seitenwand unterhalb der Fensterbrustung gewölbt war, erforderte Veränderungen im Bereich der Schiebetürtasche. Das gab den Wagen ein markantes Aussehen. Die zweite Ladetür jeder Seitenwand war entbehrlich. Sie wurden ausgebaut und die Seitenwand geschlossen. An ihrer Stelle kamen Fenster zum Einbau, da mit ausreichendem Licht vom Oberlichtdach her nicht gerechnet werden konnte. Außerdem hatte man aus Kostengründen mit dem serienmäßigen Ausbau der Oberlichtfenster begonnen. Bei allen Umbauten am Wagenkasten wendete man die Lichtbogenschweißung an. Danach gab es an den Seitenwänden sowohl genietete als auch geschweißte Bereiche. Wenn vorhandene Paketkeller beim provisorischen Herrichten nur blind verschlossen worden waren, erfolgte nun auch ihr Ausbau. Die Beleuchtungsanlagen wurden aus den in Kästen unter dem Wagen mitgeführten Batterien versorgt. Vier dieser 14 Wagen waren mit einem flachriemengetriebenen GS-Generator ausgerüstet, elf erhielten elektrische Durchgangsleitungen.

Wagen-Nr(n) (bis 1967):	**3678...4066**
Wagen-Nr(n) (UIC):	**09-20 250–264**
Bauartnummer / Bauart:	**09 250 / PO**
Übersichtsblatt-Nr.:	**B.p. 550**
Länge über Puffer:	**10 390 mm**
Länge des Wagenkastens:	**8 500 mm**
Höhe über SO:	**4 280 mm**
Achsabstand:	**4 500 mm**
Laufwerksbauart:	**Personenwagen-laufwerk, VLA**
Höchstgeschwindigkeit:	**90 km/h**
Bremse:	**Kkpbr**
Heizung:	**–**
Lüftung:	**stat.; BA Wendler**
Beleuchtung:	**El B**
Eigenmasse:	**14,7...15,7 t**
Lastgrenze (Tragfähigkeit):	**5 t**
Anzahl der Briefräume:	**–**
Anz. d. Briefverteilfächer:	**–**
Anz. d. Grobverteilfächer:	**–**
Anz. d. Beutelspannvorr.:	**–**
Anz. d. Pack-/Laderäume:	**2**
Anzahl der Rollbehälter-stellplätze:	**15**
Baujahr(e):	**1925–1928**
Jahr(e) des Umbaus:	**1960**
Ausmusterung:	**1973...1980**

DP **Post aa-cI/8,5** (Post -c/8,5) **3689...3769**

Nur vier Wagen hatte die DP von den kleinen Zweiachsern der Güterwagenbauart mit Oberlichtdach, die ursprünglich der Gattung c angehörten. In gleicher Bauart gab es auch 10 und 12,5 m lange dreiachsige Wagen. Sie besaßen von Anfang an offene Bremserbühnen und ein Personenwagenlaufwerk, so dass die Probleme wie bei den ebenfalls 8,5 m langen Flachdachwagen hier nicht entstanden. Auch besaßen sie einen wesentlich stabileren Wagenkasten. Dafür sorgten acht Knotenbleche in jeder Seitenwand und je zwei, die die Ecksäulen mit dem Oberrahmen der Stirnwände verbanden. Die Kastensäulen waren direkt am jeweils äußeren der beiden Doppellangträger angenietet, was ebenso zu einer höheren Stabilität beitrug. Die Wagen besaßen Glühlampenbeleuchtung. Die Stromversorgungseinrichtung bestand nur aus einer Batterie. Alle Wagen wurden 1959 mit elektrischer Durchgangsleitung ausgestattet. 1961/62 baute man sie in Gattung cl und für den RBehV um. Dabei erhielten sie auch in jeder Seitenwand eine Standard-Ladeschiebetür. Das zweite Ladetürpaar wurde wie bei allen zwei- und dreiachsigen Bpw entfernt. An deren Stelle baute man jeweils ein Fenster ein. Das Oberlichtdach blieb unverändert. Einer dieser Wagen erhielt 1966 äußere Blechwände.

Wagen-Nr(n) (bis 1967):	**3689...3769**
Wagen-Nr(n) (UIC):	**09-11 151...155**
Bauartnummer / Bauart:	**09 150 / GO**
Übersichtsblatt-Nr.:	**B.p.0256**
Länge über Puffer:	**10 450 mm**
Länge des Wagenkastens:	**8 500 mm**
Höhe über SO:	**4 150 mm**
Achsabstand:	**4 500 mm**
Laufwerksbauart:	**Personenwagen-laufwerk, VLA**
Höchstgeschwindigkeit:	**90 km/h**
Bremse:	**Kk-GP**
Heizung:	**–**
Lüftung:	**stat.; BA Wendler**
Beleuchtung:	**El B**
Eigenmasse:	**15...15,7 t**
Lastgrenze (Tragfähigkeit):	**10,5 t**
Anzahl der Briefräume:	**–**
Anz. d. Briefverteilfächer:	**–**
Anz. d. Grobverteilfächer:	**–**
Anz. d. Beutelspannvorr.:	**–**
Anz. d. Pack-/Laderäume:	**2**
Anzahl der Rollbehälter-stellplätze:	**15**
Baujahr(e):	**1925/26**
Jahr(e) des Umbaus:	**1960**
Ausmusterung:	**1972...1978**

DP **Post a-cI/10** (Post 3-c/10) **3715...3811**

Nach den dreiachsigen 10-m-Wagen mit Flachdach beschaffte die DRP ab 1924 solche mit Oberlichtdach und Handbremsbühne. Außenlangträger (Doppellangträger) und viele Knotenbleche in der Seitenwand erhöhten die Stabilität des Wagenkastens wesentlich. In der Absicht, den Einsatz von Holz in der Wageninstandsetzung zu verringern, versuchte die DP andere langlebige verschleißarme Materialien einzusetzen. So erhielt z .B. ein Wagen dieser Bauart Seiten- und Stirnwände aus Glakresit (Platten aus glasfaserverstärktem Polyesterharz). Die Platten konnten aber nicht in den benötigten Abmessungen geliefert werden. Der Zuschnitt dieses harten Materials war sehr aufwändig. Da auch mit einem hohen Anteil Verschnitt gerechnet werden musste, wurde dieser Weg nicht weiter verfolgt. Neben der Stabilität, die der Wagen durch die Glakresitwände gewann, wurden zusätzlich in jedem Seitenwandendfeld Diagonalstreben eingebaut. Die großen Seitenwandfenster ermöglichten, dass die Oberlichtfenster verschlossen werden konnten, zumal der Wagen nicht für eine Begleitung vorgesehen war. Im Betriebseinsatz hatte sich dieser Wagen bewährt. Wegen des außen liegenden Kastengerippes schloss die DR derartige Wagen von der Behandlung in ihren Außenreinigungsanlagen aus.

Wagen-Nr(n) (bis 1967):	3715...3811
Wagen-Nr(n) (UIC):	90-11 460-2
Bauartnummer / Bauart:	90 460 / GO
Übersichtsblatt-Nr.:	B.p. 569
Länge über Puffer:	11 600 mm
Länge des Wagenkastens:	10 000 mm
Höhe über SO:	3 457 mm
Achsabstand:	7 500 mm
Laufwerksbauart:	Personenwagen-laufwerk, VLA
Höchstgeschwindigkeit:	90 km/h
Bremse:	Kk
Heizung:	–
Lüftung:	stat.; BA Wendler
Beleuchtung:	El B
Eigenmasse:	16...17,9 t
Lastgrenze (Tragfähigkeit):	10,5 t
Anzahl der Briefräume:	–
Anz. d. Briefverteilfächer:	–
Anz. d. Grobverteilfächer:	–
Anz. d. Beutelspannvorr.:	–
Anz. d. Pack-/Laderäume:	2
Anzahl der Rollbehälterstellplätze:	18
Baujahr(e):	1924–1926
Jahr(e) des Umbaus:	1960...1964
Ausmusterung:	1969

DP **Post a-b/12,5** (Post 3-b/12,5) **3816...4060**

Entsprechend dem wachsenden Verkehrsaufkommen beschaffte die DRP ab 1925 Bpw mit der Kastenlänge 12,5 m. Die DP hatte 23 Bpw dieser Gattung, Bauart PO. Sie waren in genieteter Stahlbauweise gefertigt. Die Seitenwände waren unterhalb der Fensterbrüstung gewölbt. Wagenkasten und Untergestell bildeten eine Einheit. An den äußeren der Doppellangträger waren die Z-Profile der Seitenwandsäulen angenietet. Die inneren Langträger trugen die Handbremsbühne sowie die Federböcke und Achshalter. Knotenbleche verbanden die Doppellangträger mit den Pufferträgern und den Querträgern. Die Wagendächer bestanden aus Holz und waren mit imprägnierten Leinendecken bespannt. Zu den Briefkästen auf jeder Wagenseite gehörten neben Aufstiegtritt und Griffstange ein emailliertes Schild, das einen Brief symbolisierte sowie eine Einstecktasche für das Streckenschild. Das Streckenschild trug die Aufschrift »Post nach...« mit der Angabe des Zielortes der Bahnpost. Unbegleitete Bahnposten führten kein Streckenschild und die Klappen der Briefkästen waren vom Briefraum aus verriegelt. Auch diese Wagen richtete man für den RBehV her, wobei sie die Standard-Ladeschiebetüren erhielten. Dass bei diesem Umbau noch ein Paar zweiflügliger Drehtüren belassen wurde (Bild) ist eine Ausnahme.

Wagen-Nr(n) (bis 1967):	**3816...4060**
Wagen-Nr(n) (UIC):	**90-20 600–613**
Bauartnummer / Bauart:	**90 600 / PO**
Übersichtsblatt-Nr.:	
Länge über Puffer:	**12 500 mm**
Länge des Wagenkastens:	**12 620 mm**
Höhe über SO:	
Achsabstand:	**9 200 mm**
Laufwerksbauart:	**Personenwagen-laufwerk, VLA**
Höchstgeschwindigkeit:	**90 km/h**
Bremse:	**Kkpbr**
Heizung:	**Nuhz, Ohz**
Lüftung:	**stat.; BA Wendler**
Beleuchtung:	**El B**
Eigenmasse:	**17,5...23,3 t**
Lastgrenze (Tragfähigkeit):	**10,5 t**
Anzahl der Briefräume:	**1**
Anz. d. Briefverteilfächer:	**154**
Anz. d. Grobverteilfächer:	
Anz. d. Beutelspannvorr.:	**1**
Anz. d. Pack-/Laderäume:	**2**
Anzahl der Rollbehälter-stellplätze:	**15**
Baujahr(e):	**1926–1927**
Jahr(e) des Umbaus:	**1959...1962**
Ausmusterung:	**1970...1981**

DP **Post -d/20** (Post 4ü-a/20) **3953...4089**

Von den Post 4ü-a/20, Bauart DOz (Hechtwagen), hatte die DP 15 Stück. Sie waren in genieteter Bauart ausgeführt, hatten aber hölzerne Oberlichtdächer mit Blechhauben am Wagenende. Die Übergangseinrichtungen und Paketkeller wurden entfernt, da hierfür kein Bedarf mehr bestand. Auch die großen Briefräume wurden so nicht mehr gebraucht. Von 1958...63 wurde ein Wagen in bl, sechs in b, einer in c und sieben in Gattung d umgebaut. Um die Bpw intensiver nutzen zu können, wurde die Gattung d, mit einem Briefraum in der Wagenmitte, zwei Laderäumen mit den Standardschiebetüren und der Ausstattung für den RBehV entwickelt. Durch eine längs verschiebbare Trennwand ließ sich der Briefraum stufenweise verkleinern. Die kleinste Stufe war ein Begleiterraum mit Tischplatte, Briefverteilspind, Schaltschrank, Kleiderschrank, Kohleofen und WC. Um die Trennwand verschieben zu können, mussten die Einrichtungen beweglich gestaltet werden. Die Briefverteilspinde konnten in die Dachwölbung, die Tischplatten und Beutelspannen an die Wände geklappt werden. Damit konnten die Wagen im Hin- und Rücklauf unterschiedlichen Verkehrsbedürfnissen angepasst werden. Da im Betrieb die Möglichkeiten dieser Einrichtung jedoch kaum genutzt wurden, baute man die Wagen 1967/68 in Gattung c um.

Wagen-Nr(n) (bis 1967):	**3953...4089**
Wagen-Nr(n) (UIC):	**00-15 370–376**
Bauartnummer / Bauart:	**00 370 / DOz**
Übersichtsblatt-Nr.:	**Sk 693**
Länge über Puffer:	**21 300 mm**
Länge des Wagenkastens:	**20 000 mm**
Höhe über SO:	**4 147 mm**
Laufwerksbauart:	**amerik. Bauart**
Drehzapfenabstand:	**13 890 mm**
Drehgestellachsabstand:	**2 150 mm**
Höchstgeschwindigkeit:	**120 km/h**
Bremse:	**Kks**
Heizung:	**Nuhz, Ohz**
Lüftung:	**stat.; BA Wendler**
Beleuchtung:	**El B**
Eigenmasse:	**38...40 t**
Lastgrenze (Tragfähigkeit):	**15,5 t**
Anzahl der Briefräume:	**1**
Anz. d. Briefverteilfächer:	**56**
Anz. d. Grobverteilfächer:	**3**
Anz. d. Beutelspannvorr.:	**3**
Anz. d. Pack-/Laderäume:	**2**
Anzahl der Rollbehälterstellplätze:	**31**
Baujahr(e):	**1926–28**
Jahr(e) des Umbaus:	**1967/68**
Ausmusterung:	**1969...1975**

DP **Post a-c/12,5** (Post 3-c/12,5) **4123...4398**

Die Güterwagenbauart mit Oberlichtdach gab es mit den Kastenlängen 8,5 m, 10 m und 12,5 m. Während die 8,5 m langen Wagen zwei Achsen besaßen, hatten die 10 m und 12,5 m langen drei Achsen. Von Letzteren besaß die DP 28 Stück. Einige hatten ein auf der Handbremsbühne stehendes Bremserhaus. Das Untergestell mit Doppellangträgern und das Kastengerippe bestanden hauptsächlich aus Walzprofilen und Knotenblechen. Wie auch bei den kürzeren Wagen waren Achshalter und Federböcke an den inneren und die Kastensäulen an den äußeren Profilen der Doppellangträger angenietet. Das Oberlichtdach bestand aus Holz und war mit imprägnierten Leinendecken bespannt. Innen waren die Wagen mit Packbrettern und Stapelwänden, zwei großen Paketkellern, einem Kohleofen und einem Abort ausgestattet. Sie waren mit langen Laufbrettern auf beiden Wagenseiten und dazugehörigen Handläufen aus Rundstahl geliefert worden, die man schon 1936 bis auf die Aufstiegtritte, Einstiegsstufen und Rangiererecktritte entfernte. Alle Wagen wurden letztendlich in Gattung cl umgebaut. Dabei ließ die DP die Packbretter, Stapelwände, Paketkeller, Abort und Kohleofen ausbauen. Man richtete die Wagen für den RBehV her und stattete sie mit Ladeschiebetüren aus.

Wagen-Nr(n) (bis 1967):	**4123...4398**
Wagen-Nr(n) (UIC):	**90-11 760–782**
Bauartnummer / Bauart:	**90 750 / GO**
Übersichtsblatt-Nr.:	**B.p. 187**
Länge über Puffer:	**14 450 mm**
Länge des Wagenkastens:	**12 500 mm**
Höhe über SO:	**4 150 mm**
Achsabstand:	**9 200 mm**
Laufwerksbauart:	**Personenwagen-laufwerk, VLA**
Höchstgeschwindigkeit:	**90 km/h**
Bremse:	**Kkpbr**
Heizung:	**Nuhz, Ohz**
Lüftung:	**stat.; BA Wendler**
Beleuchtung:	**El B**
Eigenmasse:	**17,5...19,3 t**
Lastgrenze (Tragfähigkeit):	**15 t**
Anzahl der Briefräume:	**Begleiterraum**
Anz. d. Briefverteilfächer:	**–**
Anz. d. Grobverteilfächer:	**–**
Anz. d. Beutelspannvorr.:	**–**
Anz. d. Pack-/Laderäume:	**3**
Anzahl der Rollbehälter-stellplätze:	**21**
Baujahr(e):	**1928...1931**
Jahr(e) des Umbaus:	**1958...1961**
Ausmusterung:	**1971...1977**

DP **Post a-cI/12,5** (Post 3-c/12,5) **4123...4398**

Diese 12,5 m langen Bpw der Güterwagenbauart wurden noch auf andere Weise verändert. Bei einigen Wagen gab es hölzerne Bremserhäuser, die auf dem Untergestellvorbau standen. Sie wurden entfernt, so dass eine offene Handbremsbühne verblieb. Die Oberlichtfenster wurden verschlossen und ein Teil der Wagen mit Generatoren ausgestattet. Zehn dieser Wagen erhielten durch den Aufbau äußerer Blechwände das Aussehen von Reisezugwagen. Dabei wurden gleichzeitig die in Gummiprofilen eingefassten Standardfenster eingebaut. Soweit diese Wagen für den Einsatz auf elektrifizierten Strecken vorgesehen waren, stattete man sie mit elektrischen Durchgangsleitungen aus. Durch die nun glatten Seitenwände waren die Wagen für die Außenreinigung in mechanisierten Waschanlagen geeignet. Damit war aber das Problem noch nicht gelöst. Wegen des Fehlens von Reinigungskräften wurde eine manuelle Außenreinigung schon seit den Siebzigerjahren kaum noch durchgeführt. Eigene Waschanlagen besaß die DP nicht. Um aber die Leistung der DR in Anspruch zu nehmen, mussten die Bpw aus ihren Umläufen herausgenommen und den Waschanlagen zugeführt werden. Wegen der oftmals sehr langen Ausbleibezeiten der Wagen konnte nicht immer davon Gebrauch gemacht werden.

Wagen-Nr(n) (bis 1967):	**4123...4398**
Wagen-Nr(n) (UIC):	**90-11 750–754**
Bauartnummer / Bauart:	**90 760 / GO**
Übersichtsblatt-Nr.:	**B.p. 187**
Länge über Puffer:	**14 450 mm**
Länge des Wagenkastens:	**12 500 mm**
Höhe über SO:	**4 150 mm**
Achsabstand:	**9 200 mm**
Laufwerksbauart:	**Personenwagenlaufwerk, VLA**
Höchstgeschwindigkeit:	**90 km/h**
Bremse:	**Kkpbr**
Heizung:	**Ohz**
Lüftung:	**stat.; BA Wendler**
Beleuchtung:	**El B**
Eigenmasse:	**17,5...19,3 t**
Lastgrenze (Tragfähigkeit):	**15 t**
Anzahl der Briefräume:	**–**
Anz. d. Briefverteilfächer:	**–**
Anz. d. Grobverteilfächer:	**–**
Anz. d. Beutelspannvorr.:	**–**
Anz. d. Pack-/Laderäume:	**2**
Anzahl der Rollbehälterstellplätze:	**24**
Baujahr(e):	**1928...1931**
Jahr(e) des Umbaus:	**1963...1970**
Ausmusterung:	**1970...1977**

DP **Post -b/20** (Post 4ü-a(-b)/20) **4158...4491**

Im Bestand der DP befanden sich 45 der 20 m langen Bpw der Bauart DOk. Davon gehörten 33 der Gattung a, sechs der b, einer der bI und fünf der Gattung bII an. Bei allen diesen Gattungen waren die Ladetüren an gleicher Stelle in der Seitenwand angeordnet. Die Einstiegstür am HBrE war als einflüglige, die Ladetüren als doppelflüglige Drehtüren ausgebildet. Die Wagen waren genietet und in Ganzstahlbauweise hergestellt. Bei diesen Wagen wurden die Oberlichtdächer aus Stahlspriegeln und Blechen gefertigt. Die DP ließ alsbald die Übergangseinrichtungen ausbauen. U.a. wurden fünf Wagen der Gattung a und drei Wagen der Gattung bII in b umgebaut (Bild). Zum Verladen der RBehV konnten Ladetüren am NHBrE nicht nutzbar gemacht werden. Darum wurden sie ausgebaut und die Seitenwand verschlossen. Im Einstiegsraum waren das Handbremsrad und das Notbremsventil untergebracht. Vor der Trennwand mit Schiebetür zum Postraum befanden sich das WC mit Waschbecken und Wasserkannenschrank sowie zwei Kleiderschränke. Einen Teil der Wagen stattete die DP mit einer zweiten Stromversorgungsanlage aus. Im Einstiegsraum waren Lichtschalter für die Beleuchtung des Weges bis zum Schaltschrank. Dieser Stromkreis lag direkt an der Batteriespannung.

Wagen-Nr(n) (bis 1967):	**4158...4491**
Wagen-Nr(n) (UIC):	**00-20 400–409**
Bauartnummer / Bauart:	**00 400 / DOk**
Übersichtsblatt-Nr.:	**289, 293, 299**
Länge über Puffer:	**21 320 mm**
Länge des Wagenkastens:	**20 020 mm**
Höhe über SO:	**4 115 mm**
Laufwerksbauart:	**Görlitz II schwer**
Drehzapfenabstand:	**14 000 mm**
Drehgestellachsabstand:	**3 600 mm**
Höchstgeschwindigkeit:	**120 km/h**
Bremse:	**Kksbr**
Heizung:	**Nuhz, Ohz**
Lüftung:	**stat.; BA Wendler**
Beleuchtung:	**El B**
Eigenmasse:	**43,3...45,6 t**
Lastgrenze (Tragfähigkeit):	**15,5 t**
Anzahl der Briefräume:	**1**
Anz. d. Briefverteilfächer:	**222**
Anz. d. Grobverteilfächer:	**6**
Anz. d. Beutelspannvorr.:	**2**
Anz. d. Pack-/Laderäume:	**2**
Anzahl der Rollbehälter-stellplätze:	**20**
Baujahr(e):	**1928**
Jahr(e) des Umbaus:	**1959...1961**
Ausmusterung:	**1973...1980**

DP **Post -d/20** (Post 4ü-a/20) **4160...4480**

Aus der einstigen Gattung Post 4ü-a/20, Bauart DOk, entstanden neben anderen Gattungsänderungen auch 13 Wagen der Gattung d. Die verschiebbare Trennwand des in der Mitte liegenden Briefraumes und die klappbaren Einrichtungen sind schon bei der Bauart DOz beschrieben worden. Bei dem Umbau im Jahr 1960 in Gattung d bekam der Bpw Nr. 4375 eine mit einer Ölheizung kombinierten Druckbelüftungsanlage. Dieses autonome Heizsystem gestattete den Verzicht auf die Dampf- und elektrische Heizung. Damit gab es nun eine vollwertige autonome Heizung, die unabhängig vom Traktionsmittel sowohl beim Vor- und Nacharbeiten im Wagen während des Stillstandes am Ladebahnsteig als auch bei der rangierdienstlichen Behandlung betrieben werden konnte. Damit entfiel ein Wechseln des an die Traktionsart gebundenen Heizsystems und entlastete die Bp-Begleiter von den z.T. unangenehmen Nebenaufgaben am Kohleofen. Dass das Liefern der Heizenergie über die Achskilometervergütung pauschal gegenüber der DR trotzdem abgegolten wurde, nahm die DP in Kauf. Die d-Wagen hatten zwei Stromversorgungsanlagen. Neben der Beleuchtung waren weitere elektrische Energieverbraucher, wie Glühkerzen (Zündvorgang), Kraftstoffpumpe, Lüfter u.a. hinzugekommen.

Wagen-Nr(n) (bis 1967):	**4160...4480**
Wagen-Nr(n) (UIC):	**00-20 470–483**
Bauartnummer / Bauart:	**00 470 / DOk**
Übersichtsblatt-Nr.:	**Sk 693**
Länge über Puffer:	**21 320 mm**
Länge des Wagenkastens:	**20 020 mm**
Höhe über SO:	**4 115 mm**
Laufwerksbauart:	**Görlitz II schwer**
Drehzapfenabstand:	**14 000 mm**
Drehgestellachsabstand:	**3 600 mm**
Höchstgeschwindigkeit:	**120 km/h**
Bremse:	**Kksbr**
Heizung:	**Nuhz, Ohz**
Lüftung:	**stat.; BA Wendler**
Beleuchtung:	**El B**
Eigenmasse:	**39...40 t**
Lastgrenze (Tragfähigkeit):	**15,5 t**
Anzahl der Briefräume:	**1**
Anz. d. Briefverteilfächer:	**56**
Anz. d. Grobverteilfächer:	**3**
Anz. d. Beutelspannvorr.:	**3**
Anz. d. Pack-/Laderäume:	**2**
Anzahl der Rollbehälterstellplätze:	**31**
Baujahr(e):	**1928...34**
Jahr(e) des Umbaus:	**1967/68**
Ausmusterung:	**1971...1982**

DP **Post -bI/20** (Post 4ü-a/20) **4165...4473**

Die einzusetzende Bpw-Gattung richtete sich nach dem Umfang und der Art der zu bearbeitenden Sendungen. In den großen a-Bpw konnten bis zu 20, in den bl-Wagen bis etwa 12 Begleiter tätig sein. Die Briefverteilspinde standen auf den Tischplatten und waren mit der Wagenwand verschraubt. Eine Lage Filz unter den Verteilspinden verhinderte so genannte Brieffallen, in denen Sendungen hätten verschwinden können. Die während der Fahrt stehend arbeitenden Briefverteiler konnten sich an den breiten Bordleisten der Tischkanten anlehnen. Mit speziellen Beutelklammern konnten Postsäcke an die Tischkanten gehängt werden. Für die Arbeiten im Bpw wurde stets eine gute Beleuchtung benötigt. Die DP rüstete vorrangig Bpw mit großen Briefräumen mit Leuchtstofflampen und zweiten Stromversorgungsanlagen aus. Zu jedem Generator und Batteriensatz (24 V GS) gehörte ein Ladestrom- und Lichtspannungsregler. Die erforderliche Wechselspannung für die Leuchtstofflampen lieferte ein Einankerumformer. Die meisten dieser Bpw wurden in Gattung b oder bl umgebaut. Der Wagen Nr. 4467 wurde 1967 in Gattung b und für den RBehV umgebaut und 1986 von der DP als fahrfähiges Museumsfahrzeug hergerichtet. Heute gehört er dem Museum für Kommunikation in Nürnberg.

Wagen-Nr(n) (bis 1967):	**4165...4473**
Wagen-Nr(n) (UIC):	**00-11 430–437**
Bauartnummer / Bauart:	**00 430 / D0k**
Übersichtsblatt-Nr.:	**289, 293**
Länge über Puffer:	**21 320 mm**
Länge des Wagenkastens:	**20 020 mm**
Höhe über SO:	**4 115 mm**
Laufwerksbauart:	**Görlitz II schwer**
Drehzapfenabstand:	**14 000 mm**
Drehgestellachsabstand:	**3 600 mm**
Höchstgeschwindigkeit:	**120 km/h**
Bremse:	**Kksbr**
Heizung:	**Nuhz, Ohz**
Lüftung:	**stat.; BA Wendler**
Beleuchtung:	**El B**
Eigenmasse:	**43,3...45,6 t**
Lastgrenze (Tragfähigkeit):	**15,5 t**
Anzahl der Briefräume:	**1**
Anz. d. Briefverteilfächer:	**172**
Anz. d. Grobverteilfächer:	**12**
Anz. d. Beutelspannvorr.:	**3**
Anz. d. Pack-/Laderäume:	**2**
Anzahl der Rollbehälterstellplätze:	**14**
Baujahr(e):	**1928...1933**
Jahr(e) des Umbaus:	**1953...1962**
Ausmusterung:	**1974...1979**

DP **Post aa-b/12,5** (Post -b/12,5) **4285...4459**

Die DP hatte 30 Bpw dieser Gattung, Bauart PO. Sie waren in genieteter Stahlbauweise gefertigt. Die Seitenwände waren unterhalb der Fensterbrüstung gewölbt. Wagenkasten und Untergestell bildeten eine Einheit. An den äußeren der Doppellangträger waren die Z-Profile der Seitenwandsäulen angenietet. Die inneren Langträger trugen die Handbremsbühne sowie die Federböcke und Achshalter. Knotenbleche verbanden die Doppellangträger mit den Pufferträgern und den Querträgern. Die inneren Langträger waren im Bereich zwischen den Laufwerken unterbrochen. Die Wagendächer wurden entweder in Holzbauart oder als Blechdächer mit Stahlspriegeln ausgeführt. Ursprünglich hatten auch diese Wagen an beiden Seiten auf der ganzen Länge Laufbretter und die dazugehörigen Handläufe entlang der Fensterbrüstung. Wie bei allen älteren Bauarten waren die Briefkästen oberhalb der Fensterbrüstungsleiste angebracht. Damit sie auch an niedrigen Bahnsteigen erreichbar waren, gab es auch nach Abbau der Laufbretter einen Aufstiegtritt und eine dazugehörige Griffstange. Innen mündeten die Briefkästen in einem mit Glastür verschlossenen Briefverteilfach. Die verbliebenen b-Wagen erhielten bei ihrem Umbau für den RBehV wie auch die cl-Wagen Ladeschiebetüren.

Wagen-Nr(n) (bis 1967):	**4285...4459**
Wagen-Nr(n) (UIC):	**09-20 600–614**
Bauartnummer / Bauart:	**09 600 / PO**
Übersichtsblatt-Nr.:	**Sk 94**
Länge über Puffer:	**14 500 mm**
Länge des Wagenkastens:	**12 620 mm**
Höhe über SO:	
Achsabstand:	**9 200 mm**
Laufwerksbauart:	**Personenwagen-laufwerk, VLA**
Höchstgeschwindigkeit:	**90 km/h**
Bremse:	**Kkpbr**
Heizung:	**Nuhz, Ohz**
Lüftung:	**stat.; BA Wendler**
Beleuchtung:	**El B**
Eigenmasse:	**20,8...21,8 t**
Lastgrenze (Tragfähigkeit):	**10,5 t**
Anzahl der Briefräume:	**1**
Anz. d. Briefverteilfächer:	**154**
Anz. d. Grobverteilfächer:	
Anz. d. Beutelspannvorr.:	**1**
Anz. d. Pack-/Laderäume:	**1**
Anzahl der Rollbehälter-stellplätze:	**12**
Baujahr(e):	**1929–1932**
Jahr(e) des Umbaus:	**1962–1971**
Ausmusterung:	**1970...1981**

DP **Post -bI/21,6** (Post 4ü-bI/21,6) **4500...5382**

Obwohl der Zweck der Bpw andere Detaillösungen verlangte, sind sie immer in Anlehnung an die Bauform der Reisezugwagen gestaltet worden. Die längsten Bpw der DRP hatten 21,6 m Kastenlänge. Sie sind mit z.T. unterschiedlicher Tür- und Fensteranordnung beschafft worden. Für die 1945 gegründete DP waren es zunächst die modernsten Wagen. Im Bestand waren acht a-, ein b-, acht bI-, 22 bII- und 22 c-Wagen. Gattungsänderungen nahm die DP bereits beim Wiederaufbau kriegsbeschädigter Wagen vor. Zwei a-Wagen wurden 1959 und 1960 in b umgebaut. Zu den vorhandenen 22 bI-Wagen kamen 1951...55 weitere acht Bpw (Bild) durch Umbau hinzu. Ab 1957 wurden die Übergangseinrichtungen ausgebaut und die Wagen für den RBehV hergerichtet. Die Ladetüren am Wagenende konnten zum Ladungsaustausch mit RBeh nicht genutzt werden und wurden deshalb entfernt. Auch die korrosionsanfälligen Luftsauger über den Fenstern wurden durch solche der Bauart Kuckuck auf dem Dachscheitel ersetzt. Je nach Erfordernis erhielten die Wagen wieder elektrische Heizung. Der Wagen Nr. 4503, einer der letzten verbliebenen a-Wagen, wurde von der DP 1984 in den Urzustand als fahrfähiger Museumswagen zurückversetzt. Er gehört heute dem Museum für Kommunikation in Nürnberg.

Wagen-Nr(n) (bis 1967):	**4500...5382**
Wagen-Nr(n) (UIC):	**00-15 620–634**
Bauartnummer / Bauart:	**00 620 / DTk**
Übersichtsblatt-Nr.:	**301, 307, 313**
Länge über Puffer:	**22 900 mm**
Länge des Wagenkastens:	**21 600 mm**
Höhe über SO:	**3 936 mm**
Laufwerksbauart:	**Görlitz III schwer**
Drehzapfenabstand:	**15 500 mm**
Drehgestellachsabstand:	**3 600 mm**
Höchstgeschwindigkeit:	**120 km/h**
Bremse:	**Kksbr**
Heizung:	**Nuhz, Ohz**
Lüftung:	**stat.; BA Kuckuck**
Beleuchtung:	**El B**
Eigenmasse:	**36,5...41,5 t**
Lastgrenze (Tragfähigkeit):	**21 t**
Anzahl der Briefräume:	**1**
Anz. d. Briefverteilfächer:	**206**
Anz. d. Grobverteilfächer:	**12**
Anz. d. Beutelspannvorr.n:	**3**
Anz. d. Pack-/Laderäume:	**1**
Anzahl der Rollbehälterstellplätze:	**13**
Baujahr(e):	**1936...1943**
Jahr(e) des Umbaus:	**1951...1960**
Ausmusterung:	**1968...1982**

DP **Post -bII/21,6** (Post 4ü-bII/21,6) **4519...4952**

Die 21,6 m-Wagen waren die ersten deutschen Bpw, die serienmäßig in vollständig geschweißter Ganzstahlbauweise hergestellt worden sind. Die Gattung bII hatte den Vorteil, dass der Briefraum in der Wagenmitte nur geringen Beeinträchtigungen durch Geräusch und Fahrerschütterungen ausgesetzt war. Im Gegensatz zu den Wagen der Gattungen a, b und bI war bei einem Teil der bII-Wagen am HBrE eine zweiflüglige Drehtür eingebaut, die auch als Ladetür genutzt wurde. Die gleichmäßige Lastverteilung auf beide Drehgestelle wirkte sich positiv auf das Fahr- und Bremsverhalten des Wagen aus. Diese Wagen waren bestens für die Herrichtung für den RBehV geeignet. Wie bei allen anderen Gattungen gab es hier den provisorischen (Bild) und den endgültigen Umbau, der den Einbau von Ladeschiebentüren mit beinhaltete. Mit dem Einbau von Leuchtstofflampen verbesserten sich die Arbeitsbedingungen der Bp-Begleiter. Die kurzen Strecken innerhalb der DDR (Aufladen der Batterien) und relativ lange Aufenthaltszeiten in Rangierbezirken und an Postverladeanlagen mit Betreiben aller Verbraucher war für den Stromhaushalt problematisch. Durch den Einbau zweiter Stromversorgungsanlagen konnte das allzu häufige Tauschen sowie das bis dahin übliche Mitführen eines Satzes Notbatterien entfallen.

Wagen-Nr(n) (bis 1967):	**4519...4952**
Wagen-Nr(n) (UIC):	**00-11 640–661**
Bauartnummer / Bauart:	**00 640 / DTk**
Übersichtsblatt-Nr.:	**303, 311, 337**
Länge über Puffer:	**22 900 mm**
Länge des Wagenkastens:	**21 600 mm**
Höhe über SO:	**3 936 mm**
Laufwerksbauart:	**Görlitz III schwer**
Drehzapfenabstand:	**15 500 mm**
Drehgestellachsabstand:	**3 600 mm**
Höchstgeschwindigkeit:	**120 km/h**
Bremse:	**Kksbr**
Heizung:	**Nuhz, Ohz**
Lüftung:	**stat.; BA Kuckuck**
Beleuchtung:	**El B**
Eigenmasse:	**38,6...40,6 t**
Lastgrenze (Tragfähigkeit):	**21 t**
Anzahl der Briefräume:	**1**
Anz. d. Briefverteilfächer:	**166**
Anz. d. Grobverteilfächer:	**12**
Anz. d. Beutelspannvorr.:	**2**
Anz. d. Pack-/Laderäume:	**2**
Anzahl der Rollbehälterstellplätze:	**21 oder 23**
Baujahr(e):	**1937...1942**
Jahr(e) des Umbaus:	**1957...1959**
Ausmusterung:	**1969...1982**

DP Post -bII/21,6 (Post 4ü-bII/21,6) 4519...4952

Der abgebildete Wagen war als Kriegsschadwagen ohne erkennbare Wagennummer aufgefunden worden. Nach dem Wiederaufbau erhielt er die Nr. 4530 in Zweitbelegung. 1957 wurde er bereits provisorisch für den RBehV hergerichtet. An Stelle der Fensterlüfter erhielt er Dachlüfter der Bauart Kuckuck. Dachfenster und Übergangseinrichtungen wurden nicht wieder eingebaut. Im Jahr 1960 bekam er eine elektrische Heizung, 1962 wurden vier Ladeschiebetüren eingebaut. Damit hatte er die endgültige Ausbaustufe für den RBehV erreicht. Der RBehV wurde streckenweise eingeführt und setzte voraus, dass alle beteiligten Postverladeanlagen über entsprechende Fahrwege, Hebegeräte und u.U. Lastenaufzüge verfügten. Für den Einsatz auf Strecken, die noch nicht an den RBehV angeschlossen waren und für Zeiten des eingeschränkten RBehV (z.B. Weihnachten), stattete man die Bpw mit Drehleitern aus, die mit zwei Gelenken an der Seitenwand befestigt waren und aus deren Ebene heraus um 90° in den Laderaum geschwenkt werden konnten. Waren sie in dieser Position arretiert, so dienten sie wie einst die Stapelwände zum Stabilisieren der nach verschiedenen Austauschorten anzulegenden Paketstapel. Diese Einrichtung kam bei den Behälterladeräumen aller Bpw zur Anwendung.

Wagen-Nr(n) (bis 1967):	4519...4952
Wagen-Nr(n) (UIC):	00-11 640–661
Bauartnummer / Bauart:	00 640 / DTk
Übersichtsblatt-Nr.:	303, 311, 337
Länge über Puffer:	22 900 mm
Länge des Wagenkastens:	21 600 mm
Höhe über SO:	3 936 mm
Laufwerksbauart:	Görlitz III schwer
Drehzapfenabstand:	15 500 mm
Drehgestellachsabstand:	3 600 mm
Höchstgeschwindigkeit:	120 km/h
Bremse:	Kksbr
Heizung:	Nuhz, Ohz
Lüftung:	stat.; BA Kuckuck
Beleuchtung:	El B
Eigenmasse:	38,6...40,6 t
Lastgrenze (Tragfähigkeit):	21 t
Anzahl der Briefräume:	1
Anz. d. Briefverteilfächer:	166
Anz. d. Grobverteilfächer:	12
Anz. d. Beutelspannvorr.:	2
Anz. d. Pack-/Laderäume:	2
Anzahl der Rollbehälterstellplätze:	21 oder 23
Baujahr(e):	1937...1942
Jahr(e) des Umbaus:	1957...1964
Ausmusterung:	1969...1982

DP **Post -b/15** (Post 4-b/15) **4688...5095**

Die DP hatte 71 Stück dieser in geschweißter Ganzstahlbauart gebauten Bpw mit Wellblechfußboden und Windleitblechen an den Wagenenden. An den Stirnwänden befanden sich je zwei Leitern für das Aufsetzen der Oberwagenlaternen sowie zum Erreichen der Wasserkastenabdeckung. Einige Wagen hatten gekrümmte Dachfenster. Der Dachscheitel war zu den Enden hin abwärts gekrümmt. Übergangseinrichtungen gab es bei diesen Wagen nicht. Ein Teil der Wagen hatte Rollenachslager, darunter einige mit Achskilometerzähler. Zur postalischen Einrichtung gehörten u.a. ein verschließbares Verteilspind mit 24 Fächern, ein Wertschrank sowie mehrere Paketkeller. Außerdem gab es ein WC. Die DP baute einen Wagen in Gattung d, diesen und weitere 27 von 1959–1964 in Gattung c und davon in den Jahren 1970–1977 24 Wagen in Gattung cl um. Acht Wagen wurden von Gattung b sofort in cl umgebaut. Gleichlaufend geschah die Herrichtung für den RBehV. Bereits der Umbau nach d und c war mit der Herrichtung für den RBehV verbunden. Eine große Anzahl erhielt den bewährten Kunstharzfußboden. In einem speziellen Umbauprogramm entfernte man die korrosionsanfälligen Windleitbleche. Damit erhielten die Wagen glatte Stirnwände.

Wagen-Nr(n) (bis 1967):	**4688...5095**
Wagen-Nr(n) (UIC):	**00-20 000–030**
Bauartnummer / Bauart:	**00 000 / DTw**
Übersichtsblatt-Nr.:	**315, 317, 327, 351**
Länge über Puffer:	**16 300 mm**
Länge des Wagenkastens:	**15 004 mm**
Höhe über SO:	**3 930 mm**
Laufwerksbauart:	**Gorlitz III leicht, 4-fache Federung**
Drehzapfenabstand:	**9 000 mm**
Drehgestellachsabstand:	**3 000 mm**
Höchstgeschwindigkeit:	**120 km/h**
Bremse:	**Hikpbr**
Heizung:	**Nuhz, Ohz**
Lüftung:	**stat.; BA Kuckuck**
Beleuchtung:	**El B**
Eigenmasse:	**28,2...31,5 t**
Lastgrenze (Tragfähigkeit):	**12,6 t**
Anzahl der Briefräume:	**1**
Anz. d. Briefverteilfächer:	**136**
Anz. d. Grobverteilfächer:	**6**
Anz. d. Beutelspannvorr.:	**1**
Anz. d. Pack-/Laderäume:	**1**
Anzahl der Rollbehälterstellplätze:	**15**
Baujahr(e):	**1938–1944**
Jahr(e) des Umbaus:	**1958...1961**
Ausmusterung:	**1977...1984**

DP **Post -c/15** (Post 4-c/15) **4692...5287**

Der im Bild gezeigte Bpw Nr. 5287 ist einer der Umbauten aus der Gattung b. Alle Einrichtungen des Begleiterabteils (Zeichnung Sk 737) sind zum Handbremsende hin bis an die Rückwand des WC verlegt worden. Damit ergaben sich beiderseits der Ladeschiebetür große Laderäume, von denen einer neun und der andere 15 RBeh fassen konnten. Wenn der Wagen zu begleiten war, durfte die Mittelreihe im Laderaum 1 (am HBrE) nicht mit RBeh beladen werden, um den Durchgang vom Begleiterabteil zu den Ladeschiebetüren frei zu halten. Tatsächlich wurden diese Begleiterabteile zunächst nur selten, dann gar nicht mehr genutzt. Mit den Umbauten wurden auch hier weitere Modernisierungen durchgeführt. Wie die Lüfter über den Fenstern waren auch die Windleitbleche stark korrosionsanfällig. Sie waren von innen nicht zugänglich und rosteten deshalb durch. Mit dem Umbau der Stirnwände (Bild) wurde Abhilfe geschaffen. Stirnwandfenster wurden nur unmittelbar beim Handbremsrad belassen. Auch die Fensterschächte unter den Fallfenstern wurden trockengelegt, indem feste Fenster mit Profilgummi in einen Pfalz des Seitenwandbleches eingesetzt wurden. Mit den glatten Seitenwänden entsprachen die Wagen auch besser den Bedingungen für die mechanisierte Außenreinigung.

Wagen-Nr(n) (bis 1967):	**4692...5287**
Wagen-Nr(n) (UIC):	**00-11 050–079**
Bauartnummer / Bauart:	**00 050 / DTw**
Übersichtsblatt-Nr.:	**315, 317, 327, 351**
Länge über Puffer:	**16 300 mm**
Länge des Wagenkastens:	**15 004 mm**
Höhe über SO:	**3 930 mm**
Laufwerksbauart:	**Gorlitz III leicht, 4-fache Federung**
Drehzapfenabstand:	**9 000 mm**
Drehgestellachsabstand:	**3 000 mm**
Höchstgeschwindigkeit:	**120 km/h**
Bremse:	**Hikpbr**
Heizung:	**Nuhz, Ohz**
Lüftung:	**stat.; BA Kuckuck**
Beleuchtung:	**El B**
Eigenmasse:	**28,2...31,5 t**
Lastgrenze (Tragfähigkeit):	**12,6 t**
Anzahl der Briefräume:	**Begleiterraum**
Anz. d. Briefverteilfächer:	**–**
Anz. d. Grobverteilfächer:	**–**
Anz. d. Beutelspannvorr.:	**–**
Anz. d. Pack-/Laderäume:	**2**
Anzahl der Rollbehälterstellplätze:	**24**
Baujahr(e):	**1938–1944**
Jahr(e) des Umbaus:	**1958...1964**
Ausmusterung:	**1968...1987**

DP **Post -b/21,6** (Post 4ü-b/21,6) **4809...5199**

Die windschnittigen 21,6 m-Bpw waren als geschweißte Ganzstahlwagen gefertigt. Die Seitenwandschürzen waren zum Mittragen herangezogen. Diese und die Windleitbleche an den Wagenenden prägten ihr Erscheinungsbild. Die Windleitbleche verringerten die Luftwirbel zwischen den Wagen bei hoher Fahrgeschwindigkeit und senkten damit den Fahrwiderstand. Die Wagenkästen bestanden hauptsächlich aus leichten Abkant- und Press-blechprofilen, so dass sie etwa zwei Tonnen leichter waren, als die vergleichbaren der Bauart DTk. Rostabzehrungen an Profilen und Blechen verringerten die Festigkeit. Zunehmend zeigten sich durchhängende Wagenkästen. Deshalb war ihnen keine lange Lebensdauer beschieden. Die postalische Inneneinrichtung war wie bei der Bauart DTk ausgeführt. Die DP hatte den Briefraum zugunsten des Packraumes verkleinern, die Paketkeller ausbauen, die Faltenbälge entfernen und die Stirnwände schließen lassen. Die ausgebauten Fensterlüfter ersetzte man durch statische Lüfter auf dem Dachscheitel. Wegen der schmalen Schürzen, die im Drehgestellbereich lagen, waren die Drehgestelle Görlitz III s mit tief liegendem Rahmen ausgeführt. Einige Drehgestelle hatte Rollenlagerradsätze, ein Teil davon war mit Kilometerzählern ausgestattet.

Wagen-Nr(n) (bis 1967):	4809...5199
Wagen-Nr(n) (UIC):	00-20 710–724
Bauartnummer / Bauart:	00 710 / DTw
Übersichtsblatt-Nr.:	331, 343
Länge über Puffer:	22 900 mm
Länge des Wagenkastens:	21 600 mm
Höhe über SO:	3 936 mm
Laufwerksbauart:	Görlitz III schwer
Drehzapfenabstand:	15 500 mm
Drehgestellachsabstand:	3 600 mm
Höchstgeschwindigkeit:	120 km/h
Bremse:	Kksbr
Heizung:	Nuhz, Ohz
Lüftung:	stat.; BA Wendler
Beleuchtung:	El B
Eigenmasse:	39...41 t
Lastgrenze (Tragfähigkeit):	21 t
Anzahl der Briefräume:	1
Anz- d- Briefverteilfächer:	144
Anz. d. Grobverteilfächer:	4
Anz. d. Beutelspannvorr.:	2
Anz. d. Pack-/Laderäume:	2
Anzahl der Rollbehälter-stellplätze:	24
Baujahr(e):	1942–1943
Jahr(e) des Umbaus:	1959...1961
Ausmusterung:	1968...1975

DP **Post -c/15** (Post 4-c/15) **5218...5274**

Durch rigoroses Sparen in den letzten Kriegsjahren entstand die so genannte entfeinerte Kriegsvariante der 15 m langen Wagen. Wenn auch die postalische Inneneinrichtung und die Grundform im Wesentlichen erhalten geblieben war, unterschieden sich die entfeinerten Bpw von der Bauart DTw durch den von Stirnwand zu Stirnwand geradlinig durchgeführten Dachscheitel und durch das Fehlen der Windleitbleche. Schrittweise wurden weitere Veränderungen eingeführt, wie z.B. Verzicht auf die Dachfenster und die Luftsauger über den Seitenwandfenstern u.v.a. Die nun ebenen Stirnwände fielen durch zwei mächtige Rammsäulen auf, die bei der Bauart DTw durch die Windleitbleche dem Blickfeld weitgehend entzogen waren. Auch die Aufstiegleitern waren vereinfacht und ein Stirnwandfenster fortgelassen. Die DP baute 1951/52 im Rahmen von GR zunächst acht ihrer 25 Wagen in Gattung b um. Ein weiterer Wagen folgte 1968. Drei dieser Wagen erhielten 1960...63 wieder die Gattung c. Diese und 13 weitere der Gattung c wurden 1969...77 in Gattung cl umgebaut. Zwei der b-Wagen wurden 1976 und 1977 direkt in cl umgebaut. In den Jahren 1958–1966 wurden diese für den RBehV nach den üblichen Grundsätzen hergerichtet. Dabei wurde nur das Ladetürpaar in Wagenmitte durch Standardtüren ersetzt.

Wagen-Nr(n) (bis 1967):	**5218...5274**
Wagen-Nr(n) (UIC):	**00-20 150–173**
Bauartnummer / Bauart:	**00 150 / DT**
Übersichtsblatt-Nr.:	**347, 353, 357**
Länge über Puffer:	**16 300 mm**
Länge des Wagenkastens:	**15 004 mm**
Höhe über SO:	**3 930 mm**
Laufwerksbauart:	**Gorlitz III leicht, 4-fache Federung**
Drehzapfenabstand:	**9 000 mm**
Drehgestellachsabstand:	**3 000 mm**
Höchstgeschwindigkeit:	**120 km/h**
Bremse:	**Hikpbr**
Heizung:	**Nuhz, Ohz**
Lüftung:	**Fallfenster**
Beleuchtung:	**El B**
Eigenmasse:	**28,7...31,2 t**
Lastgrenze (Tragfähigkeit):	**15,5 t**
Anzahl der Briefräume:	**Begleiterraum**
Anz. d. Briefverteilfächer:	**–**
Anz. d. Grobverteilfächer:	**–**
Anz. d. Beutelspannvorr.:	**–**
Anz. d. Pack-/Laderäume:	**2**
Anzahl der Rollbehälterstellplätze:	**24**
Baujahr(e):	**1941–1944**
Jahr(e) des Umbaus:	**1956...1962**
Ausmusterung:	**1970...1982**

DP **Post -bII/21,6** (Post 4ü-bII/21,6) **5360...5373**

Die Gattung bII unterschied sich von den anderen vor allem durch die weit auseinander liegenden Ladetüren, zwischen denen der Briefraum sowie die Kleiderschränke und das WC lagen. Typisch für Bpw waren die wenigen Fenster, da sich an den Wänden die Briefverteilfachwerke befanden. Als zusätzliche Lichtquelle hatte man in das Tonnendach Fenster eingebaut, was sich jedoch auf die Dauer nicht bewährte. Die Fußbodenbretter des Briefraumes lagen auf Futterhölzern, die in den Wellblechboden des Untergestells eingelegt waren. Darauf lag eine Lage Filz und darüber der Linoleumbelag. In den Fußboden waren drei Klappen eingelassen, die die Paketkeller abdeckten. An der Trennwand zum WC war eine Tischplatte und ein Briefverteilfachwerk, das so genannte Stirnspind. Links daneben befand sich die Schiebetür zum Kleiderschrankraum. Das Stirnspind hatte links einen ausschwenkbaren Flügel mit zwei vertikalen Reihen Verteilfächer. Eine entriegelbare Bremsvorrichtung verhinderte das Pendeln des Flügels in Folge von Fahrbewegungen. Alle Bpw hatten an den Ladetüren unterhalb der Dachkante Fahnenhalter für das Signal Fz 2 (gelbe Flagge) mit der Bedeutung: »Wagen ist mit Personen besetzt. Vorsichtig rangieren, nicht abstoßen, nicht ablaufen lassen!«

Wagen-Nr(n) (bis 1967):	**5360...5373**
Wagen-Nr(n) (UIC):	**00-15 750–759**
Bauartnummer / Bauart:	**00 750 / DTw**
Übersichtsblatt-Nr.:	**347**
Länge über Puffer:	**22 900 mm**
Länge des Wagenkastens:	**21 600 mm**
Höhe über SO:	**3 936 mm**
Laufwerksbauart:	**Görlitz III schwer**
Drehzapfenabstand:	**15 500 mm**
Drehgestellachsabstand:	**600 mm**
Höchstgeschwindigkeit:	**120 km/h**
Bremse:	**Kksbr**
Heizung:	**Nuhz, Ohz**
Lüftung:	**Fensterlüfter**
Beleuchtung:	**El B**
Eigenmasse:	**37,6...38,5 t**
Lastgrenze (Tragfähigkeit):	**21 t**
Anzahl der Briefräume:	**1**
Anz. d. Briefverteilfächer:	**166**
Anz. d. Grobverteilfächer:	**6**
Anz. d. Beutelspannvorr.:	**2**
Anz. d. Pack-/Laderäume:	**2**
Anzahl der Rollbehälterstellplätze:	**24**
Baujahr(e):	**1943–1944**
Jahr(e) des Umbaus:	**1958...1960**
Ausmusterung:	**1971...1982**

DP **Post me-bI/24,7** (Post 4e-bI/24,7) **5901**

Der erste Auftrag der DP für einen normalspurigen Bahnpostwagen bezog sich auf einen 24,7 m langen vierachsigen Wagen mit großem Briefraum und einem Packraum mit traditioneller Ausstattung. Der Wagenkasten war aus Normal- und Abkantprofilen sowie Blechen vollständig geschweißt in Stahlbauart hergestellt. Die Isolierung zwischen den Außenblechen und der Innenverschalung bestand aus in Perfol eingeschweißten Piathermplatten. Der Wagen hatte Windleitbleche an den Stirnwänden. Hinter Klappen in den mittragenden Seitenwandschürzen befanden sich die Batterien. Erstmals kamen achshalterlose Drehgestelle zur Anwendung. Die postalische Einrichtung entsprach den damals üblichen Normen. Im Briefraum gab es einen Wertschrank und einen Paketkeller, einen weiteren im Packraum. Die zweiteiligen Ladeschiebetüren waren mit Druckluft zu betätigen. Ein flachriemengetriebener 4,5 kW-Generator diente zusammen mit NC-Batterien zur Stromversorgung. Ein mit Kohle beheizter Feuerluftofen, elektrische Heizstäbe und ein Dampfwärmetauscher konnten wahlweise den Luftstrom der Druckbelüftung erwärmen. Waschraum und WC waren am HBrE. Dort gab es auch einen 125 l-Kühlschrank und eine Kochnische mit einer elektrischen Doppelkochplatte.

Wagen-Nr(n) (bis 1967):	**5901**
Wagen-Nr(n) (UIC):	**00-12 999**
Bauartnummer / Bauart:	**00 999 / SDTw 56**
Übersichtsblatt-Nr.:	**Slg. KK Bl.112**
Länge über Puffer:	**26 000 mm**
Länge des Wagenkastens:	**24 700 mm**
Höhe über SO:	**3 933 mm**
Laufwerksbauart:	**Görlitz achshalterlos Post 56**
Drehzapfenabstand:	**19 330 mm**
Drehgestellachsabstand:	**2 500 mm**
Höchstgeschwindigkeit:	**120 km/h**
Bremse:	**Hikss**
Heizung:	**Lhzdek**
Lüftung:	**Druckbelüftung**
Beleuchtung:	**El B**
Eigenmasse:	**46,7 t**
Lastgrenze (Tragfähigkeit):	**22 t**
Anzahl der Briefräume:	**1**
Anz.. d. Briefverteilfächer:	**225**
Anz. d. Grobverteilfächer:	**18**
Anz. d. Beutelspannvorr.:	**5**
Anz. d. Pack-/Laderäume:	**1**
Anzahl der Rollbehälterstellplätze:	**–**
Baujahr(e):	**1956**
Jahr(e) des Umbaus:	
Ausmusterung:	**–**

DP **Post m-cI/24,7** (Post 4e-bI/24,7) **5901**

Dem Bpw Nr. 5901 folgte keine Serie, da die konzeptionellen Ziele des Bahnposttransports noch nicht ausgereift waren. Der Prototyp hatte sich im Betriebseinsatz allgemein bewährt. Er wurde im Laufe der Zeit mehrmals umgebaut und modernisiert. 1960 erhielt er eine neue Stromversorgungsanlage mit zwei Generatoren. Die Kanalführung der Luftheizung wurde wiederholt geändert. Seine schweren achshalterlosen Drehgestelle wurden 1970 durch Drehgestelle der Bauart Görlitz Vs ersetzt. Im gleichen Jahr wurde er für den RBehV hergerichtet. Ein tragfähiger für den RBehV geeigneter Fußboden mit Riffelblechen an den kritischen Stellen wurde verlegt und die Standard-Ladeschiebetüren eingebaut. Nachdem der Bedarf für einen Bpw mit derartig großem Briefraum entfallen war, wurde er schließlich 1981 in Gattung cl umgebaut. Dafür erhielt er eine Bremse KE-GPR-A. Die Überprüfung der Statik hatte ergeben, dass die Auslastung durch RBeh die zulässigen Werte nicht übersteigt. Alle Inneneinrichtungen und Heizaggregate wurden entfernt. Der Schaltschrank wurde in den jetzt leeren WC-Raum verlegt. Rammleisten an den Wänden, Rammkonsolen und Sperrketten dienten als Behältersicherungen. Der Bpw gelangte 1990 zur DBP und ist 1992 verkauft worden.

Wagen-Nr(n) (bis 1967):	**5901**
Wagen-Nr(n) (UIC):	**00-12 999-6**
Bauartnummer / Bauart:	**00 999 / SDTw 56**
Übersichtsblatt-Nr.:	**772 W1 11.1**
Länge über Puffer:	**26 000 mm**
Länge des Wagenkastens:	**24 700 mm**
Höhe über SO:	**3 933 mm**
Laufwerksbauart:	**Görlitz Vs**
Drehzapfenabstand:	**19 330 mm**
Drehgestellachsabstand:	**2 500 mm**
Höchstgeschwindigkeit:	**120 km/h**
Bremse:	**KE-GPR-A**
Heizung:	**–**
Lüftung:	**Druckbelüftung**
Beleuchtung:	**El B**
Eigenmasse:	**43 t**
Lastgrenze (Tragfähigkeit):	**22 t**
Anzahl der Briefräume:	**–**
Anz. d. Briefverteilfächer:	**–**
Anz. d. Grobverteilfächer:	**–**
Anz. d. Beutelspannvorr.:	**–**
Anz. d. Pack-/Laderäume:	**3**
Anzahl der Rollbehälter-stellplätze:	**42**
Baujahr(e):	**1956**
Jahr(e) des Umbaus:	**1981**
Ausmusterung:	**1992**

DP **Post aa-c/10,5** (Post -b/10,5) **6410...30316**

Dieser ehemals polnische Bpw ist mit mehreren anderen nach dem Zweiten Weltkrieg im Bereich der DP verblieben. Als Gattung b hatten sie einen Briefraum und einen Packraum, verfügten auf jeder Wagenseite über nur eine doppelflüglige Ladedrehtür, die in einer Seitenwandnische lag. Der Wagenkasten bestand aus Stahl, das Oberlichtdach bestand aus Holz und war mit einer Bitumendecke bespannt. Das Untergestell war ebenfalls aus Stahl und hatte ein Personenwagenlaufwerk mit Blattfedern und vertikalen Federspannschrauben. Diese Wagen besaßen keine Handbremse oder Feststellbremse. Da für Personenwagen die Ausstattung mit einer Handbremse vorgeschrieben war, rüstete man diese Wagen alsbald nach. Dazu erhielten sie an einem Wagenende eine Handbremsbühne, die oberhalb der Puffer angeordnet war. Mit der Einführung des RBehV wurden die Bpw in Gattung c und für den RBehV, die meisten zuletzt noch in cl umgebaut. Man entfernte die Seitenwandnischen und legte zweiteilige Ladeschiebetüren in die Seitenwandebene. Wegen häufiger Störungen wurde die einteilige Standard-Ladeschiebetür entwickelt und einige Wagen dann noch umgerüstet. Bei einigen Wagen wurde das Oberlichtdach durch ein Tonnendach ersetzt, manche erhielten Standardfenster.

Wagen-Nr(n) (bis 1967):	**6410...30 316**
Wagen-Nr(n) (UIC):	**09-11 390–396**
Bauartnummer / Bauart:	**09 390 / SPO**
Übersichtsblatt-Nr.:	
Länge über Puffer:	**11 800 mm**
Länge des Wagenkastens:	**10 500 mm**
Höhe über SO:	
Achsabstand:	**7 000 mm**
Laufwerksbauart:	**Personenwagenlaufwerk, VLA**
Höchstgeschwindigkeit:	**90 km/h**
Bremse:	**Wpbr**
Heizung:	**Ohz**
Lüftung:	**stat.; BA Wendler**
Beleuchtung:	**El B**
Eigenmasse:	**21,9 t**
Lastgrenze (Tragfähigkeit):	**10,5 t**
Anzahl der Briefräume:	**Begleiterraum**
Anz. d. Briefverteilfächer:	**–**
Anz. d. Grobverteilfächer:	**–**
Anz. d. Beutelspannvorr.:	**–**
Anz. d. Pack-/Laderäume:	**2**
Anzahl der Rollbehälterstellplätze:	**21**
Baujahr(e):	**1929–1931**
Jahr(e) des Umbaus:	**1958...1963**
Ausmusterung:	**1964...1974**

DP **Post aa-b/12** (Post -b/12) **6442...30615**

Während der Besetzung Polens im Zweiten Weltkrieg ließ die »Deutsche Post Osten« in Sanoka (Südpolen) vier- und zweiachsige Bpw bauen. Von den Letzteren gelangten sieben Stück zur DP. Die zweiachsigen waren geschweißte Ganzstahlwagen polnischer Konstruktion mit Außenlangträgern und Tonnendach. An den Stirnwänden befanden sich jeweils zwei Aufstiegleitern mit Handläufen. Das Personenwagenlaufwerk besaß Gleitachslager und Blattfedergehänge mit ovalen Schaken und vertikalen Federspannschrauben. Handbremsen hatten diese Wagen nicht. Der Briefraum war kleiner als der Packraum. Ein Ladedrehtürpaar befand sich fast in Wagenmitte, ein weiteres ohne Fenster im Pack-raum. Von den drei Verteilspinden im Briefraum war eines für die Wertbearbeitung mit einem verschließbaren Rollladen versehen. Die Bauart des Kohleofens ließ das Wärmen von Speisen oder Getränken zu. Die Deutsche Post ließ diese Wagen mit Handbremsbühnen und Handbremsen nachrüsten sowie für den RBehV und in Gattung cl umbauen. Etwa in Wagenmitte wurde die Standard-Ladeschiebetür eingebaut. Das zweite Ladetürpaar entfernte man. Die Laternenstützen wurden heruntergesetzt sowie die Aufstiegleitern und die Handläufe entfernt.

Wagen-Nr(n) (bis 1967):	6442...30 615
Wagen-Nr(n) (UIC):	09-20 590...599
Bauartnummer / Bauart:	09 590 / SPT
Übersichtsblatt-Nr.:	
Länge über Puffer:	13 300 mm
Länge des Wagenkastens:	12 000 mm
Höhe über SO:	4 085 mm
Achsabstand:	8 000 mm
Laufwerksbauart:	Personenwagen-laufwerk, VLA
Höchstgeschwindigkeit:	90 km/h
Bremse:	Wpbr
Heizung:	Nuhz, Ohz
Lüftung:	Torpedo
Beleuchtung:	El B
Eigenmasse:	18,7 t
Lastgrenze (Tragfähigkeit):	6 t
Anzahl der Briefräume:	1
Anz. d. Briefverteilfächer:	115
Anz. d. Grobverteilfächer:	
Anz. d. Beutelspannvorr.:	
Anz. d. Pack-/Laderäume:	1
Anzahl der Rollbehälter-stellplätze:	–
Baujahr(e):	1935...1941
Jahr(e) des Umbaus:	1959...1964
Ausmusterung:	1956...1974

DP **Post e-b/15** (Post 4e-b/15) **6501–6505**

Die erste Neubauwagenserie normalspuriger Bpw umfasste fünf Wagen. Das Konzept der Raumaufteilung und Innenausstattung entsprach etwa dem der alten Post 4-b/15. Der windschnittige Wagenkasten hatte keine Schürze, war geschweißt und bestand aus korrosionsträgen Blechen und Profilen. Neuartig waren die zweiflügligen Ladeschiebetüren, die mittels Druckluft geöffnet und geschlossen werden konnten. Die schraubengefederten achshalterlosen Drehgestelle mit vertikal wirkenden hydraulischen Stoßdämpfern waren eine Vorstufe der Drehgestellbauart Görlitz IV. Zwei flachriemengetriebene Achsgeneratoren und zwei Sätze Bleibatterien dienten der Stromversorgung. Die Wechselspannung für die Leuchtstoffröhren lieferte ein Einankerumformer. Die Druckbelüftung arbeitete mit einem Feuerluftofen, elektrischer und Dampfheizung, die wahlweise in einem Wärmetauscher die Frischluft erwärmten, die mittels eines elektrischen Lüfters ins Wageninnere gedrückt wurde. Im Briefraum gab es geteilte Fenster, deren oberes Drittel durch Handkurbelantrieb geöffnet und geschlossen werden konnten. Diese Wagen besaßen elektrische Zugschluss-leuchten. Diese Wagen wurden vornehmlich für die Bp Berlin – Kopenhagen (Fähre Warnemünde – Gedser) und Bp Berlin – Malmö (Fähre Saßnitz – Trelleborg) eingesetzt.

Wagen-Nr(n) (bis 1967):	**6501–6505**
Wagen-Nr(n) (UIC):	**00-12 100–104**
Bauartnummer / Bauart:	**00 100 / DTw 57**
Übersichtsblatt-Nr.:	**35.002-01.005**
Länge über Puffer:	**16 300 mm**
Länge des Wagenkastens:	**15 480 mm**
Höhe über SO:	**4 005 mm**
Laufwerksbauart:	**Görlitz achshalterlos Post 57**
Drehzapfenabstand:	**9 000 mm**
Drehgestellachsabstand:	**2 500 mm**
Höchstgeschwindigkeit:	**120 km/h**
Bremse:	**Hikp 1**
Heizung:	**Lhzedk**
Lüftung:	**Druckbelüftung**
Beleuchtung:	**El B**
Eigenmasse:	**32 t**
Lastgrenze (Tragfähigkeit):	**17 t**
Anzahl der Briefräume:	**1**
Anz. d. Briefverteilfächer:	**150**
Anz. d. Grobverteilfächer:	**8**
Anz. d. Beutelspannvorr.:	**1**
Anz. d. Pack-/Laderäume:	**1**
Anzahl der Rollbehälterstellplätze:	**–**
Baujahr(e):	**1957**
Jahr(e) des Umbaus:	**–**
Ausmusterung:	**–**

DP **Post -bII/24,2** (Post m-bII/24,2) **6601**

Nach einem mit der DR abgestimmten Projekt der DP wurde in der SFRJ ein Bpw entwickelt und ein Prototyp gebaut. Grundlage waren Festlegungen von OSShD und UIC zur Vereinheitlichung von Reisezugwagen mit den Hauptparametern nach UIC-Kodex 567 VE, Bauart Y. Die DR forderte die Verwendung von Baugruppen und Verschleißteilen, die in ihr Ersatzteilprogramm passten. Der Wagenkasten war nach dem Prinzip der Flächenbauweise in selbsttragender Schweißkonstruktion ausgeführt. Einstiegsraum und Rangiererkabine erhielten die bei Reisezugwagen übliche Drehfalttür. Als Ladetüren kamen die DP-Standardtüren zum Einsatz. Der Briefraum und die Sanitärzelle lagen zwischen den zwei Behälterladeräumen in der Wagenmitte. Für die notwendige Energie sorgten zwei über Kardanwellen angetriebene GS-Generatoren mit zwei Batteriesätzen. Die mit einer Druckbelüftung kombinierte Ölheizung gestattete den Verzicht auf Dampf- und elektrische Heizung, für die jedoch die Durchgangsleitungen eingebaut waren. Dieser Prototyp wurde bei der DR gründlichen Laufgüte- und Bremsversuchen unterzogen und auf instandhaltungsgerechte Konstruktionslösungen untersucht. Die DP führte gründliche Betriebserprobungen durch, bei der mehrere BPÄ und viele Bp-Begleiter beteiligt waren.

Wagen-Nr(n) (bis 1967):	**6601**
Wagen-Nr(n) (UIC):	**00-42 900**
Bauartnummer / Bauart:	**00 900 / DT 66**
Übersichtsblatt-Nr.:	**Slg. KK**
Länge über Puffer:	**24 500 mm**
Länge des Wagenkastens:	**24 200 mm**
Höhe über SO:	**4 230 mm**
Laufwerksbauart:	**Görlitz IV Post 68**
Drehzapfenabstand:	**17 200 mm**
Drehgestellachsabstand:	**2 500 mm**
Höchstgeschwindigkeit:	**140 km/h**
Bremse:	**KE-GPR-A**
Heizung:	**Lhzö**
Lüftung:	**Druckbelüftung**
Beleuchtung:	**El B**
Eigenmasse:	**42 t**
Lastgrenze (Tragfähigkeit):	**22 t**
Anzahl der Briefräume:	**1**
Anz. d. Briefverteilfächer:	**108**
Anz. d. Grobverteilfächer:	**6**
Anz. d. Beutelspannvorr.n:	**2**
Anz. d. Pack-/Laderäume:	**2**
Anzahl der Rollbehälter-stellplätze:	**29**
Baujahr(e):	**1966**
Jahr(e) des Umbaus:	
Ausmusterung:	**1992**

DP **Post a-cI/12,8** (Post 3-cI/12,8) **8001**

Auf der Grundlage einer Vereinbarung zwischen MPF und MfV schloss sich die DP dem Rekonstruktionsprogramm der DR für dreiachsige Reisezugwagen an. Mit dieser Modernisierung wollte die DR den Reisekomfort verbessern, die DP ihre Transportkapazität erweitern und für beide brachte sie einen Nutzen durch die Standardisierung von Baugruppen und Bauteilen, die die weitere Einführung der industriellen Fertigung bei der Wageninstandhaltung ermöglichte. Darüber hinaus waren diese Wagen für die mechanisierte Außenreinigung in Waschanlagen geeignet. Zunächst sollten die Reko-Bpw und die dreiachsigen Reko-Gepäckwagen einen einheitlichen Wagenkasten erhalten. Die DP musste deshalb auf einen Kompromiss eingehen, der das Äußere des Musterwagens (Bild) prägte und gleichzeitig Verzicht auf einen Behälterstellplatz bedeutete. Der später gebaute Gepäckwagen sah dann aber ganz anders aus. Trotzdem brachten das Vergrößern des Wagenkastens und das Erhöhen der Tragfähigkeit einen großen Gewinn an Transportraum. Die nicht eingedrückten Puffer ragten nur 300 mm über die Stirnwand hinaus, weshalb an Stelle der bis dahin üblichen Rangierererecktritte zwei Rangiererkabinen eingebaut wurden, deren eine als Einstiegraum mit Handbremse und Notbremsventil ausgestattet war.

Wagen-Nr(n) (bis 1967):	**8001**
Wagen-Nr(n) (UIC):	**90-15 990**
Bauartnummer / Bauart:	**90 800 / PT Reko 61**
Übersichtsblatt-Nr.:	**Sk 693**
Länge über Puffer:	**13 120 mm**
Länge des Wagenkastens:	**12 800 mm**
Höhe über SO:	**3 949 mm**
Achsabstand:	**7 500 mm**
Laufwerksbauart:	**Personenwagen-laufwerk, VLA**
Höchstgeschwindigkeit:	**90 km/h**
Bremse:	**W-GP**
Heizung:	**–**
Lüftung:	**stat.; BA Kuckuck**
Beleuchtung:	**El B**
Eigenmasse:	**18 t**
Lastgrenze (Tragfähigkeit):	**11 t**
Anzahl der Briefräume:	**–**
Anz. d. Briefverteilfächer:	**–**
Anz. d. Grobverteilfächer:	**–**
Anz. d. Beutelspannvorr.:	**–**
Anz. d. Pack-/Laderäume:	**2**
Anzahl der Rollbehälter-stellplätze:	**21**
Baujahr(e):	**1961**
Jahr(e) des Umbaus:	**1961**
Ausmusterung:	**1977**

DP **Post a-cI/12,8** (Post 3-cI/12,8) **8002–8159**

Außer dem Prototyp ließ die DP 158 Wagen dieses Typs bauen. Die Wagenkästen wurden in Schalenbauweise aus in Vorrichtungen gefertigten Großsektionen hergestellt. Die Untergestelle der alten Wagen, Radsätze, Achslager, Bremsausrüstungen usw. fanden nach Aufarbeitung weiterhin Verwendung. Die Untergestelle wurden gründlich aufgearbeitet und an beiden Enden verlängert. Nur bei schlechtem Zustand oder ungeeigneter Bauart, erneuerte man auch die Untergestelle vollständig. Die Tragfähigkeit der Wagen war durch den Einbau neuer Tragfedersätze so erhöht worden, dass der Laderaum auch mit Zeitungsbehältern ausgelastet werden konnte. Die Behälterladeräume verfügten über die bewährten Ausstattungen. Die Rekonstruktion brachte für diese Wagen einen Gewinn an Transportkapazität von 30 Prozent. Man brachte alle für die Eisenbahn erforderlichen Bedienelemente, wie Schlussleuchtenschalter, Notbremsventil, Rangiererbremshahn usw. im Handbremsvorraum bzw. in der Rangiererkabine unter. Zur Stromversorgung dienten ein 24 V GS-Generator mit 2,1 kW Leistung sowie ein Satz Bleibatterien mit einer Kapazität von 300 Ah. Viele dieser Wagen erhielten später einen langlebigen rutsch- und verschleißfesten Kunstharzfußboden, der das häufige Erneuern der Kiefernbretter ersparte.

Wagen-Nr(n) (bis 1967):	**8002–8159**
Wagen-Nr(n) (UIC):	**90-15 800...987**
Bauartnummer / Bauart:	**90 800 / PT Reko 61**
Übersichtsblatt-Nr.:	**Sk 693**
Länge über Puffer:	**13 120 mm**
Länge des Wagenkastens:	**12 820 mm**
Höhe über SO:	**3 949 mm**
Achsabstand:	**7 500 mm**
Laufwerksbauart:	**Personenwagen-laufwerk, VLA**
Höchstgeschwindigkeit:	**90 km/h**
Bremse:	**Wpbr oder Kpbr**
Heizung:	**–**
Lüftung:	**stat.; BA Kuckuck**
Beleuchtung:	**El B**
Eigenmasse:	**18 t**
Lastgrenze (Tragfähigkeit):	**11 t**
Anzahl der Briefräume:	**–**
Anz. d. Briefverteilfächer:	**–**
Anz. d. Grobverteilfächer:	**–**
Anz. d. Beutelspannvorr.:	**–**
Anz. d. Pack-/Laderäume:	**2**
Anzahl der Rollbehälter-stellplätze:	**20**
Baujahr(e):	**1962–64**
Jahr(e) des Umbaus:	**1962–1964**
Ausmusterung:	**1976...1990**

DP **Post -bII/20,8** (Post 4-bII/20,8) **8501**

Wegen des Fehlens von Neubauwagen, strebte die DP ähnlich der DR eine grundlegende Modernisierung der großen vierachsigen Wagen an. In enger Zusammenarbeit mit der DR und dem Mitropa-Reparaturwerk in Gotha entstand 1962 der Prototyp für eine Reko-Wagenserie. Grundlage waren die 20 m langen Bpw. Nur das genietete Untergestell wurde aufgearbeitet und mit einigen Veränderungen weiter verwendet. Die Drehgestelle amerikanischer Bauart (DOz) bzw. Görlitz II s (DOk) wurden durch Drehgestelle Görlitz III s ausgemusterter Bpw ersetzt. Der Wagenkasten mit allen Einrichtungen wurde neu gebaut. Wegen der gleichmäßigen Lastverteilung und der besseren Laufruhe wurde der Briefraum in der Wagenmitte angeordnet. Bei Nichtbedarf konnten zwei Briefverteilspinde in die Dachwölbung geklappt werden. Anstelle der einen Beutelspanne konnte eine klappbare Tischplatte verwendet werden. Am HBrE war der Einstiegsraum, am NHBrE zwei Rangiererkabinen. Neu war eine Ölheizung, kombiniert mit Druckbelüftung. Auf Dampf- oder elektrische Heizung wurde verzichtet, sodass der Wagen nur über die entsprechenden Durchgangsleitungen verfügte. Für elektrische Energie sorgten zwei Stromversorgungsanlagen. Neu waren auch die elektrischen Zugschlussleuchten.

Wagen-Nr(n) (bis 1967):	**8501**
Wagen-Nr(n) (UIC):	**00-10 500**
Bauartnummer / Bauart:	**00 500 / DT Reko 62**
Übersichtsblatt-Nr.:	**Sk 811**
Länge über Puffer:	**21 300 mm**
Länge des Wagenkastens:	**20 800 mm**
Höhe über SO:	
Laufwerksbauart:	**Görlitz Vs**
Drehzapfenabstand:	**14 000 mm**
Drehgestellachsabstand:	**2 500 mm**
Höchstgeschwindigkeit:	**120 km/h**
Bremse:	**KE-GPR**
Heizung:	**Lhzö**
Lüftung:	**Druckbelüftung**
Beleuchtung:	**El B**
Eigenmasse:	**36 t**
Lastgrenze (Tragfähigkeit):	**15,5 t**
Anzahl der Briefräume:	**1**
Anz. d. Briefverteilfächer:	**132**
Anz. d. Grobverteilfächer:	**6**
Anz. d. Beutelspannvorr.:	**3**
Anz. d. Pack-/Laderäume:	**2**
Anzahl der Rollbehälterstellplätze:	**22**
Baujahr(e):	**1962**
Jahr(e) des Umbaus:	**1962**
Ausmusterung:	**1982**

DP **Post -bII/20,8** (Post 4-bII/20,8) **8502–8511**

Nach gründlicher Erprobung folgte dem Prototyp eine Serien von 10 Wagen. Sie unterschieden sich vom Prototyp durch die glatten Stirnwände und den Wegfall der einen Rangiererkabine. Da der Wagenkasten bis auf 300 mm an die Pufferstoßebene herangebaut war, musste der für die Rangierer frei zu haltende Raum (Berner Raum) in die Stirnwand eingesenkt werden. Alle Außentüren waren als einteilige Schiebetüren mit Basküleverschluss ausgebildet. Handbremsrad und Notbremsventil befanden sich im Einstiegsraum. Dort und in den Rangiererkabinen waren auch ein Rangiererbremshahn und die Schlussleuchtenschalter. Im Mittelteil befanden sich der Briefraum, die Kleiderschränke und das WC. Die Innentüren, Verteilspinde und Schränke waren in naturlasiertem Holz gehalten. Fußboden und Tischplatten waren mit grünem Linoleum belegt. Die Laderäume hatten ein lindgrünes Paneel, die Wände darüber und die Innendecke waren hellcreme gestrichen. Die Erfahrungen mit der Ölheizung und Druckbelüftung waren Grundlage für deren Weiterentwicklung bis zur Anwendung bei den Neubau-Bpw. In den Jahren 1971 bis 1974 erhielten alle Wagen neue Drehgestelle der Bauart Görlitz V s. Der Prototyp erlitt 1982 einen Totalschaden. Die anderen gelangten 1990 zur DBP.

Wagen-Nr(n) (bis 1967):	**8502–8511**
Wagen-Nr(n) (UIC):	**00-10 501–510**
Bauartnummer / Bauart:	**00 500 / DT Reko 62**
Übersichtsblatt-Nr.:	**Sk 811**
Länge über Puffer:	**21 300 mm**
Länge des Wagenkastens:	**20 800 mm**
Höhe über SO:	
Laufwerksbauart:	**Görlitz IV**
Drehzapfenabstand:	**14 000 mm**
Drehgestellachsabstand:	**2 500 mm**
Höchstgeschwindigkeit:	**120 km/h**
Bremse:	**KE-GPR**
Heizung:	**Lhzö**
Lüftung:	**Druckbelüftung**
Beleuchtung:	**El B**
Eigenmasse:	**36 t**
Lastgrenze (Tragfähigkeit):	**15,5 t**
Anzahl der Briefräume:	**1**
Anz. d. Briefverteilfächer:	**132**
Anz. d. Grobverteilfächer:	**6**
Anz. d. Beutelspannvorr.:	**3**
Anz. d. Pack-/Laderäume:	**2**
Anzahl der Rollbehälterstellplätze:	**23**
Baujahr(e):	**1962–1965**
Jahr(e) des Umbaus:	**1963–1965**
Ausmusterung:	**1992**

DP **Post -bII/21,1** (Post 4-bII/21,1) **8531–8535**

Die in Kriegsjahren gebauten windschnittigen Wagen zeigten bald starke Korrosionsschäden. Als ein Durchhängen solcher Wagenkästen festgestellt wurde, war schnellstens Abhilfe zu schaffen. Ähnlich der Modernisierungsbauart der Reisezugwagen der DR ließ die DP in den Jahren 1964 bis 1968 sieben der 21,6 m langen Bpw als Gattung bII aufbauen. Durch den Zugang von Neubauwagen konnten die übrigen windschnittigen 21,6 m-Wagen alsbald ausgemustert werden. Der neue Kasten der Modernisierungswagen entstand vollständig geschweißt in Schalenbauweise. Seitenwände und Dach wurden als Großsektionen in Vorrichtungen gefertigt. Die Drehgestelle der Bauart Görlitz III s wurden nach ihrer Aufarbeitung zunächst weiter verwendet. Briefraum und Sanitärzelle, Stromversorgung, Heizung, Beleuchtung und Belüftung wurden in bewährter Weise wie beim Post 4-bII/20,8 ausgeführt. Der Wagenkasten ragte an jedem Wagenende nur 90 mm über das Untergestell, wodurch der freizuhaltende Raum für den Rangierer (Berner Raum) nicht eingeschränkt war. Deshalb konnten die Stirnwände durchgehend glatt gestaltet und auf eine Rangiererkabine verzichtet werden. Ab 1971 erhielten die Wagen Drehgestelle der Bauart Görlitz V s. Im Jahr 1990 gelangten sie zur DBP.

Wagen-Nr(n) (bis 1967):	8531–8535
Wagen-Nr(n) (UIC):	00-10 530–536
Bauartnummer / Bauart:	00 530 / DT Reko 64
Übersichtsblatt-Nr.:	3.01.001
Länge über Puffer:	22 210 mm
Länge des Wagenkastens:	20 910 mm
Höhe über SO:	
Laufwerksbauart:	Görlitz Vs
Drehzapfenabstand:	14 810 mm
Drehgestellachsabstand:	2 500 mm
Höchstgeschwindigkeit:	120 km/h
Bremse:	KE-GPR
Heizung:	Lhzö
Lüftung:	Druckbelüftung
Beleuchtung:	El B
Eigenmasse:	39 t
Lastgrenze (Tragfähigkeit):	20 t
Anzahl der Briefräume:	1
Anz. d. Briefverteilfächer:	132
Anz. d. Grobverteilfächer:	6
Anz. d. Beutelspannvorr.:	3
Anz. d. Pack-/Laderäume:	2
Anzahl der Rollbehälterstellplätze:	24
Baujahr(e):	1964...1968
Jahr(e) des Umbaus:	1964...1968
Ausmusterung:	1992/93

DP **Post aa-c/12,8** (Post aa-cI/12,8) **00 400-2**

1987/88 erwarb die DP von der DR im Austausch gegen die Ctw 88 gebrauchte gedeckte Güterwagen der Gattung Gbs. Diese Wagen hatte die DR in großen Stückzahlen in den Jahren 1972 bis 1977 in eigenen Werkstätten gebaut. Sie waren aus Walz- und Abkantprofilen in vollständig geschweißter Ganzstahlbauweise ausgeführt, wobei die Seitenwandsäulen direkt am Außenlangträger angeschweißt waren. Für Dach und Wände verwendete man gesickte Bleche. Vor Übergabe an die DP erhielten die Wagen eine Untersuchung nach Schadgruppe G 3 mit Außenanstrich. Vor ihrem ersten Einsatz erhielten sie für den RBehV Rammleisten und Sperrketten, auf dem Fußboden im Ladetürbereich Riffelblech sowie Schilderhaken für die Wagenumlaufschilder. Hauptluft- und Hauptluftbehälterleitung waren an jedem Wagenende gegabelt. 1988-90 wurden 34 Wagen mit einer Zugsammelschiene ausgestattet. Diese Serie war die einzige bei der DP, die weder Hand- noch Feststellbremse hatte. Ihre geringe Höchstgeschwindigkeit und das Fehlen einer Dampfdurchgangsleitung schränkte ihre Einsatzmöglichkeit für eine Reihe von Zuggattungen ein. Immerhin ermöglichten sie einen kostengünstigen Transport. 1990 gelangten die Wagen zur DBP und wurden 1994 verkauft.

Wagen-Nr(n) (bis 1967):	**–**
Wagen-Nr(n) (UIC):	**00-29 400–487**
Bauartnummer / Bauart:	**00 400-2 / GTg 72**
Übersichtsblatt-Nr.:	**775 W7-711**
Länge über Puffer:	**14 020 mm**
Länge des Wagenkastens:	**12780 mm**
Höhe über SO:	**3 960 mm**
Achsabstand:	**8 000 mm**
Laufwerksbauart:	**überkritisches Laufwerk**
Höchstgeschwindigkeit:	**100 km/h**
Bremse:	**KE-GP**
Heizung:	**–**
Lüftung:	**Kiemen**
Beleuchtung:	**–**
Eigenmasse:	**14 t**
Lastgrenze (Tragfähigkeit):	**25 t**
Anzahl der Briefräume:	**–**
Anz. d. Briefverteilfächer:	**–**
Anz. d. Grobverteilfächer:	**–**
Anz. d. Beutelspannvorr.:	**–**
Anz. d. Pack-/Laderäume:	**2**
Anzahl der Rollbehälterstellplätze:	**24**
Baujahr(e):	**1972–77**
Jahr(e) des Umbaus:	**1988**
Ausmusterung:	**1994**

DP Post -c/26,1 00 540

BPÄ und Bahnhofs-PÄ waren stets bei den Hauptbahnhöfen angesiedelt, die auch Zugbildungsbahnhöfe für Reisezüge waren. Das Beistellen von Bpw oder deren Aussetzen und Zuführen zu den Postverladegleisen ging hier schnell und unkompliziert. Im Interesse schneller Postbeförderung war die Post potenzieller Nutzer der Reisezüge. Da aber die Mitnahme von Bpw der Güterwagenbauart umstritten war, nahm die DP ein Angebot der DBP zum Kauf gebrauchter schnelllaufender vierachsiger Bpw an. Damit waren u.a. die in Berlin gedruckten Zeitschriften sowie Paketsendungen in RBeh mit Reisezügen in die Bezirksstädte und Ballungszentren der DDR zu befördern. 11 Bpw der Bauserie 1954 der DBP wurden ausgewählt und in der Bremer Waggonfabrik nach Schadgruppe P 2 mit Außenanstrich und Neubeschriftung aufgearbeitet. In Werkstätten der DP wurden sie anschließend in Gattung cl und für den RBehV umgebaut. Dazu wurden die Inneneinrichtungen der Briefräume ausgebaut. Der bewährte Fußboden mit dem Riffelblechauflagen im Türbereich und die entsprechenden Behältersicherungseinrichtungen wurden eingebaut. Die Übergangseinrichtungen wurden werkstattmäßig stillgelegt. Im Jahr 1990 gelangten die Wagen wieder zur DBP und wurden verkauft bzw. ausgemustert.

Wagen-Nr(n) (bis 1967):	**–**
Wagen-nr(n) (UIC):	**00-13 540...552**
Bauartnummer / Bauart:	**00 540 / -**
Übersichtsblatt-Nr.:	**772 W2-202.1**
Länge über Puffer:	**26 400 mm**
Länge des Wagenkastens:	**26 100 mm**
Höhe über SO:	**4 050 mm**
Laufwerksbauart:	**MD 50**
Drehzapfenabstand:	**19 000 mm**
Drehgestellachsabstand:	**2 500 mm**
Höchstgeschwindigkeit:	**120 km/h**
Bremse:	**KE-GPR-A**
Heizung:	**–**
Lüftung:	**stat.; BA Kuckuck**
Beleuchtung:	**El B**
Eigenmasse:	**36 t**
Lastgrenze (Tragfähigkeit):	**18 t**
Anzahl der Briefräume:	**–**
Anz. d. Briefverteilfächer:	**–**
Anz. d. Grobverteilfächer:	**–**
Anz. d. Beutelspannvorr.:	**–**
Anz. d. Pack-/Laderäume:	**3**
Anzahl der Rollbehälter-stellplätze:	**36**
Baujahr(e):	**1954–57**
Jahr(e) des Umbaus:	**1987**
Ausmusterung:	**1994**

DP **Post aa-t/12,8** **00 700-2**

Mit der Absicht, das CTS für Postbeförderungszwecke nutzen zu können, beschaffte die DP 65 zweiachsige Containertragwagen. Das Untergestell war mit einer mittragenden Riffelblechplatte verschweißt, die auch als begehbarer Fußboden diente. Der Rangiererecktritt mit Haltestange diente auch als Aufstiegtritt. Die Wagen hatten Zettelkästen, Schilderhaken für Wagenumlaufschilder, elektrische und Dampfdurchgangsleitung sowie eine vom Boden aus bedienbare Feststellbremse. Kegelführungen waren als Containerbefestigungen in den Boden eingelassen, so dass sowohl GC 10 als auch GC 20 befördert werden konnten. Als Lastgrenze waren 4 Mp für den GC 10 und 8 Mp für den GC 20 bei symmetrischer Beladung festgelegt. Die DP verwendete für den RBeh-Transport ausschließlich Großcontainer GC 20 mit Seitenwandtüren, so dass ein Be- und Entladen an Bahnsteigen und Rampen der Postumschlagstellen möglich war. Die GC wurden nur dann vom Tragwagen abgehoben, wenn dieser zur Untersuchung oder Instandsetzung zugeführt werden musste. Zunächst hatten die Wagen Gattungszeichen und Wagennummern für Privatgüterwagen erhalten, die aber alsbald durch Bpw-Anschriften abgelöst wurden. Die Wagen wurden 1987/88 an die DR verkauft.

Wagen-Nr(n) (bis 1967):	**–**
Wagen-Nr(n) (UIC):	**09-10 700–764**
Bauartnummer / Bauart:	**00 700–2 / Gg 70**
Übersichtsblatt-Nr.:	**775 P1-83 (0)**
Länge über Puffer:	**14 020 mm**
Länge des Wagenkastens:	**–**
Höhe über SO:	
Achsabstand:	**8 000 mm**
Laufwerksbauart:	**überkritisches Laufwerk**
Höchstgeschwindigkeit:	**100 km/h**
Bremse:	**KE-GP**
Heizung:	**–**
Lüftung:	**–**
Beleuchtung:	**–**
Eigenmasse:	**12 t**
Lastgrenze (Tragfähigkeit):	**16 t**
Anzahl der Briefräume:	**–**
Anz. d. Briefverteilfächer:	**–**
Anz. d. Grobverteilfächer:	**–**
Anz. d. Beutelspannvorr.:	**–**
Anz. d. Pack-/Laderäume:	**2 GC 20**
Anzahl der Rollbehälterstellplätze:	**24**
Baujahr(e):	**1970–73**
Jahr(e) des Umbaus:	**–**
Ausmusterung:	**–**

DP **Post -bII/24,2** (Post me-bII/24,2) 00 800

Als Ersatz für überalterte vierachsige Bpw benötigte die DP für die Unterwegsbearbeitung von Sendungen und den Transport von RBeh schnelllaufende Wagen, die auch für den internationalen Einsatz geeignet sein sollten. Mit einem ungarischen Hersteller wurde die Entwicklung und der Bau einer Serie von 70 Bpw nach einem Projekt der DP vereinbart. Der erste Wagen wurde einer Mustererprobung nach den Vorschriften der UIC unterzogen. Bauüberwachung und Abnahme wurden von DP und DR gemeinsam durchgeführt. Ein großer Briefraum lag in der Mitte des Wagens, beiderseits die Behälterladeräume mit den üblichen Einrichtungen. Sanitärzelle und Kleiderschränke waren am HBrE untergebracht. Der Wagenkasten war vollständig geschweißt in Stahlleichtbauweise ausgeführt. Für den internationalen Verkehr erhielt der Wagen neben der Ölheizung mit Druckbelüftung eine Mehrspannungsheizung, die sich selbsttätig auf alle in Europa üblichen Bahnstromsysteme einstellen konnte. Für die Hg 160 km/h erhielt der Bpw zusätzlich eine Magnetschienenbremse. Der Prototyp wurde 1977 ausgeliefert. An der Betriebserprobung waren u.a. Bahnpostbegleiter und Werkstattpersonal mehrerer BPÄ beteiligt. Nach erfolgreichem Abschluss und Auswertung wurde mit der Serienfertigung begonnen.

Wagen-Nr(n) (bis 1967):	–
Wagen-Nr(n) (UIC):	00-80 800
Bauartnummer / Bauart:	00 800 / DT 77
Übersichtsblatt-Nr.:	772 W4-71.2
Länge über Puffer:	24 500 mm
Länge des Wagenkastens:	24 200 mm
Höhe über SO:	4 320 mm
Laufwerksbauart:	Görlitz IV K Mg
Drehzapfenabstand:	17 200 mm
Drehgestellachsabstand:	2 500 mm
Höchstgeschwindigkeit:	160 km/h
Bremse:	KE-GPR-A-Mg
Heizung:	Lhzeö
Lüftung:	Druckbelüftung
Beleuchtung:	El B
Eigenmasse:	41 t
Lastgrenze (Tragfähigkeit):	20 t
Anzahl der Briefräume:	1
Anz. d. Briefverteilfächer:	240
Anz. d. Grobverteilfächer:	8
Anz. d. Beutelspannvorr.:	4
Anz. d. Pack-/Laderäume:	2
Anzahl der Rollbehälterstellplätze:	15
Baujahr(e):	1977
Jahr(e) des Umbaus:	–
Ausmusterung:	1995

DP **Post -bII/24,2** (Post me-bII/24,2) 00 800

Nach dem Prototyp wurden 29 Wagen mit der automatischen Mehrspannungsheizung ausgeliefert. Sie waren wie auch die nachfolgende Teilserie für die Ausrüstung mit Magnetschienenbremse vorbereitet. Der Briefraum bot Arbeitsplatz für sieben Begleiter. Durch die Vorarbeit der Briefverteilämter waren relativ viele Briefbunde zu verteilen. Deshalb hatte man die Aussackmulde mit Staubabsaugung und die Beutelspannen recht groß angelegt. Ein 60-l-Kühlschrank diente zum Frischhalten der mitgeführten Speisen und Getränke. Tischplatten, Wände und Schränke waren mit Dekopon belegt. Die Dekors waren hellcreme mit unauffälliger Farbstruktur bei den Tischplatten und helle Holzmaserung bei Wänden und Schränken. Zwei Reihen Röhrenleuchten sorgten für blend- und schlagschattenfreies Licht im Briefraum. Für die Stromversorgung sorgten kontaktlose Drehstromgeneratoren, Gleichrichter und Bleibatterien sowie Batterieladegeräte, die vom Ortsnetz gespeist wurden. Alle Wände, Tischplatten und Fußböden waren für eine Nassreinigung geeignet. Über dem geräumigen WC war ein Frischwasserbehälter für 300 l und ein Warmwasserbereiter für 35 l untergebracht. Über den zwei Waschbecken mit Mischbatterien befanden sich je ein Spiegel mit Spiegelleuchte und Rasiersteckdose.

Wagen-Nr(n) (bis 1967):	**–**
Wagen-Nr(n) (UIC):	**00-40 801–829**
Bauartnummer / Bauart:	**00 800 / DT 77**
Übersichtsblatt-Nr.:	**771 W4-71.2**
Länge über Puffer:	**24 500 mm**
Länge des Wagenkastens:	**24 200 mm**
Höhe über SO:	**4 320 mm**
Laufwerksbauart:	**Görlitz IV K Mg**
Drehzapfenabstand:	**17 200 mm**
Drehgestellachsabstand:	**2 500 mm**
Höchstgeschwindigkeit:	**140 km/h**
Bremse:	**KE-GPR-A**
Heizung:	**Lhzeö**
Lüftung:	**Druckbelüftung**
Beleuchtung:	**El B**
Eigenmasse:	**42 t**
Lastgrenze (Tragfähigkeit):	**20 t**
Anzahl der Briefräume:	**1**
Anz. d. Briefverteilfächer:	**240**
Anz. d. Grobverteilfächer:	**8**
Anz. d. Beutelspannvorr.:	**4**
Anz. d. Pack-/Laderäume:	**2**
Anzahl der Rollbehälterstellplätze:	**16**
Baujahr(e):	**1978/79**
Jahr(e) des Umbaus:	**–**
Ausmusterung:	**1995...1997**

DP **Post -bII/24,2** (Post me-bII/24,2) **00 800**

Weitere 40 Wagen, baugleich den erstgelieferten 30 Bpw, unterschieden sich dadurch, dass die mit der Ölheizung kombinierte elektrische Heizung nur für 1000 V WS, 16 2/3 Hz entsprechend dem Bahnstromsystem bei DR und DB ausgelegt war. Der Spannungszustand der Zugsammelschiene regelte automatisch das Umschalten von elektrischer auf Ölheizung und umgekehrt. Eine Dampfdurchgangsleitung war auch vorhanden, weil einige der dieselhydraulischen Lokomotivtypen der DR die Reisezüge mit Dampf beheizten. Zwei kontaktlose 24 V-DS-Generatoren von je 4,5 kW mit Gleichrichter und elektronischem Spannungsregler lieferten die Bordnetzspannung. Im Stillstand konnten die Wagen über eine fünfpolige Verbindungsleitung an das Ortsnetz angeschlossen werden. Hierfür waren bei den Postumschlagstellen entsprechende Elektrantenanlagen installiert worden. So konnten über die Ladegeräte des Wagens die Batterien geladen und gleichzeitig alle Verbraucher betrieben werden. Mit der Inbetriebnahme dieser Wagen kamen große Teile des überalterten Wagenparks zur Ausmusterung. 1990 gelangten diese Wagen an die DBP. Einer gehört dem Museum für Kommunikation Nürnberg, die Übrigen wurden 1994...1997 verkauft. Es war die letzte Serie deutscher Bahnpostwagen für Unterwegsbearbeitung.

Wagen-Nr(n) (bis 1967):	**–**
Wagen-Nr(n) (UIC):	**00-43 830–869**
Bauartnummer / Bauart:	**00 800 / DT 77**
Übersichtsblatt-Nr.:	**773 W4-71.2**
Länge über Puffer:	**24 500 mm**
Länge des Wagenkastens:	**24 200 mm**
Höhe über SO:	**4 320 mm**
Laufwerksbauart:	**Görlitz IV K Mg**
Drehzapfenabstand:	**17 200 mm**
Drehgestellachsabstand:	**2 500 mm**
Höchstgeschwindigkeit:	**140 km/h**
Bremse:	**KE-GPR-A**
Heizung:	**Lhzeö**
Lüftung:	**Druckbelüftung**
Beleuchtung:	**El B**
Eigenmasse:	**43 t**
Lastgrenze (Tragfähigkeit):	**20 t**
Anzahl der Briefräume:	**1**
Anz. d. Briefverteilfächer:	**240**
Anz. d. Grobverteilfächer:	**8**
Anz. d. Beutelspannvorr.:	**4**
Anz. d. Pack-/Laderäume:	**2**
Anzahl der Rollbehälterstellplätze:	**17**
Baujahr(e):	**1979**
Jahr(e) des Umbaus:	**–**
Ausmusterung:	**1995**

DP **Post -bII/24,2** (Post m-bII/24,2) 00 900

Dem Prototyp (S. 172) folgte eine Serie von 39 Bpw. Im Ergebnis der Prototyperprobung war der Briefraum vergrößert, Ausstattungen umgruppiert und ein Ladetürpaar versetzt worden. Wie bei allen Wagen der Gattungen a, b, bI, bII und d gab es auch hier auf jeder Wagenseite einen Briefkasten. Neuartig war eine Aussackmulde mit Staubabsaugung durch einen elektrischen Ventilator. Der Briefraum war in hellen Farbtönen gehalten. Zwei Lichtbänder sorgten für blend- und schlagschattenfreie Beleuchtung. Die Bpw waren für Fremdnetzeinspeisung eingerichtet und erhielten kurz nach Indienststellung Batterieladegeräte. Die Batteriekästen erhielten Rollwagen, so dass die darauf stehenden Batterien herausgefahren und mittels Gabelstapler getauscht werden konnten. Zwischen 1983 und 1988 erhielten 19 Bpw Elektronikregler für Lichtspannung und Batterieladestrom. Das kombinierte Ölheiz- und Druckbelüftungssystem wurde durch eine elektrische Heizung ergänzt. Ein elektronisches Steuergerät regelte die Betriebsart in Abhängigkeit von der Spannung an der Zugsammelschiene und die Raumtemperatur durch Thermostaten. Wegen der Verwendung von Heizöl mit zu hohem Stockpunkt traten zeitweilig Störungen der Ölheizung auf. Die Wagen gelangten 1990 zur DBP und sind 1992...1995 verkauft worden.

Wagen-Nr(n) (bis 1967):	–
Wagen-Nr(n) (UIC):	00-42 901–939
Bauartnummer / Bauart:	00 900 / DT 66
Übersichtsblatt-Nr.:	Slg. KK Bl. 93
Länge über Puffer:	24 500 mm
Länge des Wagenkastens:	24 200 mm
Höhe über SO:	4 230 mm
Laufwerksbauart:	Görlitz IV Post 68
Drehzapfenabstand:	17 200 mm
Drehgestellachsabstand:	2 500 mm
Höchstgeschwindigkeit:	140 km/h
Bremse:	KE-GPR-A
Heizung:	Lhzö
Lüftung:	Druckbelüftung
Beleuchtung:	El B
Eigenmasse:	40 t
Lastgrenze (Tragfähigkeit):	22 t
Anzahl der Briefräume:	1
Anz. d. Briefverteilfächer:	132
Anz. d. Grobverteilfächer:	9
Anz. d. Beutelspannvorr.:	3
Anz. d. Pack-/Laderäume:	2
Anzahl der Rollbehälterstellplätze:	26
Baujahr(e):	1968/69
Jahr(e) des Umbaus:	1983...1989
Ausmusterung:	1992/95

DP Post -t/18,7 — 00 950

Für den Posttransport mittels RBeh beschaffte die DP 25 vierachsige Ctw, die bauartgleich einer DR-Importserie der Gattung Rgs-z aus Rumänien geliefert wurden. Ihre drehbaren Seitenrungen, die man beim Posttransport nicht brauchte, wurden abgebaut und an die DR abgegeben. Auch diese Wagen wurden mit GC 20 mit Seitenwandtüren bestückt, die im Betriebseinsatz ständig auf den Tragwagen verblieben. Die Nutzung geschah wie bei den gedeckten Güterwagen, nur dass beim Verladen der RBeh der Abstand von mehr als 200 mm zwischen den Außenkanten von Container und Wagen zusätzlich zu überwinden war. Außer den üblichen Zettelkästen hatten sie für den Einsatz in festen Umläufen auf beiden Seiten Schilderhaken für das Wagenumlaufschild. Die Begrenzung der Geschwindigkeit bei 100 km/h und das Fehlen von Dampf- und elektrischen Durchgangsleitungen war im Betrieb sehr hinderlich. Ein Nachrüsten erwies sich wegen Platzmangels unter dem Pufferträger als nicht möglich. Da die Wagen für einen anderen Zweck als Posttransporte konzipiert waren, hatten sie eine unverhältnismäßig hohe Tragfähigkeit, die im Posttransport nicht ausgenutzt werden konnte. Dementsprechend waren sie sehr schwer. 1987/88 wurden die Wagen an die DR verkauft.

Wagen-Nr(n) (bis 1967):	–
Wagen-Nr(n) (UIC):	00-29 950–974
Bauartnummer / Bauart:	00 950 / Gg 77
Übersichtsblatt-Nr.:	Slg. KK 108
Länge über Puffer:	19 900 mm
Länge des Wagenkastens:	
Höhe über SO:	
Laufwerksbauart:	Y 25 Cs
Drehzapfenabstand:	14 860 mm
Drehgestellachsabstand:	1 800 mm
Höchstgeschwindigkeit:	100 km/h
Bremse:	KE-GP
Heizung:	–
Lüftung:	–
Beleuchtung:	–
Eigenmasse:	43 t
Lastgrenze (Tragfähigkeit):	55 t
Anzahl der Briefräume:	–
Anz. d. Briefverteilfächer:	–
Anz. d. Grobverteilfächer:	–
Anz. d. Beutelspannvorr.:	–
Anz. d. Pack-/Laderäume:	3 GC 20
Anzahl der Rollbehälterstellplätze:	36
Baujahr(e):	1977
Jahr(e) des Umbaus:	–
Ausmusterung:	–

DP **Post aa-c/12,8** 00 990

Die DP veranlasste 1989 die Entwicklung eines zweiachsigen gedeckten Bpw in Güterwagenbauart, der eine größere Serie folgen sollte. Die DR forderte für den Einsatz in Gex-Zügen, die potenziell von der DP mitbenutzt wurden, die Hg von 120 km/h und eine Zugsammelschiene. 1990 wurde ein entsprechender Prototyp fertig gestellt. Es war eine vollständig geschweißte Ganzstahlkonstruktion mit gesickten Wänden, außen laufenden Schiebetüren und RBeh-Sicherungseinrichtungen. Durch ein kräftiges Rohrgestänge war die lichte Türöffnung soweit eingeschränkt, dass beim Entladen die RBeh den Gabelstapler nicht verfehlen konnten. In Höhe von 1 900 mm über SO war ein Traggerüst für Sperrgut eingebaut. Bei der Abnahme am 22.11.90 trug der Wagen die Anschrift DEUTSCHE POST, die DR-Privatgüterwagennummer 23 50 176 0990-2 und die Gattungszeichen Gbkkgss sowie Post aa-c/12,8-91. Er wurde nun aber an die DBP ausgeliefert. Diese stellte den Wagen dann bei der DB mit der Bpw-Nummer 50 80 00-03 716-0 und der Gattungsbezeichnung Post 2ss-t/13 ein. Ein Auftrag für weitere Wagen wurde nicht erteilt. Somit war dieser Wagen der zuletzt gebaute deutsche Bahnpostwagen. Im Jahr 1996 verkaufte ihn die DP AG. Heute gehört er der Kochertalbahn.

Wagen-Nr(n) (bis 1967):	–
Wagen-Nr(n) (UIC):	**00-03 716**
Bauartnummer / Bauart:	**00 990 / (GTg 90)**
Übersichtsblatt-Nr.:	
Länge über Puffer:	**14 270 mm**
Länge des Wagenkastens:	**12 800 mm**
Höhe über SO:	
Achsabstand:	**8 000 mm**
Laufwerksbauart:	**überkritisches Laufwerk**
Höchstgeschwindigkeit:	**120 km/h**
Bremse:	**KE-GP-A**
Heizung:	–
Lüftung:	–
Beleuchtung:	–
Eigenmasse:	**15,8 t**
Lastgrenze (Tragfähigkeit):	**20 t**
Anzahl der Briefräume:	–
Anz. d. Briefverteilfächer:	–
Anz. d. Grobverteilfächer:	–
Anz. d. Beutelspannvorr.:	–
Anz.l d. Pack-/Laderäume:	**2**
Anzahl der Rollbehälter-stellplätze:	**24**
Baujahr(e):	**1990**
Jahr(e) des Umbaus:	–
Ausmusterung:	**1996**

DP Post aa-cI/12,8 09 000

Für eine schnelle Beförderung von Sendungen in RBeh wurden zweiachsige Bpw der Güterwagenbauart oder Behpw u.a. in Schnellzügen, Postzügen und verstärkt in Gex eingesetzt. Die 1983/84 für diesen Zweck aus Rumänien importierten 140 zweiachsigen Bpw hatten entsprechende Laufwerke, Bremseinrichtungen, Zugsammelschiene, Dampfdurchgangsleitung, Hauptluft- und Hauptluftbehälterleitung usw. Sie waren in vollständig geschweißter Ganzstahlbauweise gefertigt. Der Eichenholzfußboden war im Türraum zusätzlich mit 5 mm dickem Riffelblech ausgelegt. Im Dachrahmen war das Traggerüst für Sperrgut. Das Untergestell in klassischer Bauweise hatte seitliche Konsolen, die die Kastensäulen trugen. Die Wände und das flach gewölbte Dach waren gesickt. Die RBeh wurden durch in seitlichen Führungen laufende Hubschranken gesichert. Ein Hebelwerk mit Spannfedern sorgte für Gewichtsausgleich und die Fixierung der Schranken in der jeweiligen Endlage. Sie waren zwischen Türraum und den Laderäumen, aber auch von innen vor den Ladetüren angebracht. Dadurch konnte auch der Türraum mit RBeh beladen werden. Im Stillstand konnte die Wagenbeleuchtung durch FNE über Elektranten betrieben werden. 1990 gelangten die Wagen zur DBP und wurden alsbald ausgemustert oder verkauft.

Wagen-Nr(n) (bis 1967):	–
Wagen-Nr(n) (UIC):	09-10 000–139
Bauartnummer / Bauart:	09 000 / GTg 83
Übersichtsblatt-Nr.:	775 P1-63.1 (3)
Länge über Puffer:	14 020 mm
Länge des Wagenkastens:	12 780 mm
Höhe über SO:	4 085 mm
Achsabstand:	8 000 mm
Laufwerksbauart:	überkritisches Laufwerk
Höchstgeschwindigkeit:	120 km/h
Bremse:	KE-GP-A
Heizung:	–
Lüftung:	Kiemen
Beleuchtung:	El B
Eigenmasse:	17 t
Lastgrenze (Tragfähigkeit):	17 t
Anzahl der Briefräume:	–
Anz. d. Briefverteilfächer:	–
Anz. d. Grobverteilfächer:	–
Anz. d. Beutelspannvorr.:	–
Anz. d. Pack-/ Laderäume:	2
Anzahl der Rollbehälterstellplätze:	30
Baujahr(e):	1983/84
Jahr(e) des Umbaus:	–
Ausmusterung:	1994/95

Albrecht, Werner: Das Schienenfahrzeug im Dienste der Deutschen Bundespost. In: ETR 2(1953), H. 6/7, S. 311-326.

Autorenkollektiv, Leitung Hübner, Hans: Handbuch Posttechnik, 2. bearbeitete Auflage, Berlin 1982. transpress, Verlag für Verkehrswesen.

Autorenkollektiv: Spezielle Probleme des Post- und Zeitungswesens, Teil I (als Manuskript gedruckt). Zentrale Lehrmittelstelle der Deutschen Post, 1970.

Bildliche Übersicht über die in Bayern rechts des Rheins verwendeten Bahnpostwagen, aufgestellt 1932 vom RPZ, Abt. München mit Ergänzungs- und Zusatzheft.

Bildliche Übersicht und technische Daten von Bahnpostwagen, aufgestellt vom RPZ Berlin, o.O.u.J.

Brandl, Alfons; Schmitt, Gerhard: Die bayerischen Bahnpostwagen nach der Umzeichnung 1935. In: Kupplung, Nr. 55 (Sept. 2000), S. 1-9.

Bundesarbeitsgemeinschaft Bahnpost e. V.: bp Bahnpost-Wagen Archiv Nr. 22. Sonderheft »Deutsche Bahnpostwagen«.

Bundesarbeitsgemeinschaft Bahnpost e. V.: bp Bahnpost-Wagen Archiv Nr. 25. Sonderheft »Deutsche Bahnpostwagen der Deutschen Post (DDR) 1945–1990«.

Bundesarchiv Berlin:
Bestand RPZ, Signatur R 47.02 / 764 Abnahmeberichte
/ 769 Messungen 38 /343
/ 773 Bpw, Bau, Abnahme, Änderungen
Bestand RVM, Signatur R 005 / 022336 Beschaffung von Postwagen
Bestand RPM, Signatur 16217 Bau und Konstruktion der Bahnpostwagen
16218 wie vor
16219 wie vor
47.01 / 20757

Deppmeyer, Joachim; Theurich, Wolfgang: Die MITROPA-Speisewagen 1219 bis 1238. In: Lok-Magazin Nr. 181 (Juli/August 1983)

Deppmeyer, Joachim: Reisezugwagen für die Deutsche Reichsbahn und ausländische Bahnverwaltungen. In: Uebel, Lutz; Richter, Wolfgang-D. (Hrsg.): 150 Jahre Schienenfahrzeuge aus Nürnberg, Freiburg 1994.

Deppmeyer, Joachim: Schürzen-Reisezugwagen - die windschnittige Waggonära; Teil 2: Vierachsige Bahnpostwagen der Deutschen Reichspost, schwere Bauart. In: Märklin Magazin 1996, Nr. 6, S. 64-68.

-Di-:
Erste Postbetriebsnorm nach dem Kriege.
In: Zeitschrift PF 1(1949), Nr. 10, S. 241

Dienstanweisung der Deutschen Post DA 2.51 »Postbeförderungsdienst - Schienenfahrzeuge und Anschlußbahnen der Deutschen Post (DA Bpw)«.

Diverse Autoren:
Die deutschen Reisezug- und Güterwagen
Abschnitt 3. Postwagen u.a. In: Loseblattsammlung des EK-Verlages GmbH, herausgegeben Weigert, Ernst Andreas, Freiburg 1999 ff.

Fakten und Ereignisse, Beiträge zur Betriebsgeschichte der Deutschen Post
der DDR. Jahrbücher, MPF; Bibliothek des Museums Kommunikation, Berlin.

Dohmen, K.: Der Wiederaufbau der Deutschen Post in Berlin. In: Archiv PF 1 (1949), S. 5 - 19.

Eichler, Wolf: Neue Bahnpostwagen der Güterwagenbauart - rationelle Transportmittel für den Rollbehältertransport. In: Die Deutsche Post 30 (1985) H. 5, S. 189 - 192.

Friedrich, Dr. Wilhelm: 10 Jahre Aufbau und Neugestaltung des Postbeförderungsdienstes 1945–1955. In: Archiv PF 8 (1956), Nr. 3, S. 153-189.

Friedrichs, Karl Ulrich; Kirsch, Klaus: Über die Entwicklung des Bahnpostdienstes. In: Die Deutsche Post 19 (1974) H. 5, S 120 - 122.

Handwörterbuch des Postwesens, Berlin 1927.
Verlag von Julius Springer.

Handwörterbuch des Postwesens. Bundesministerium für das Post- und Fernmeldewesen, Bonn 1953.

Hoffmann, Dr.: 100 Jahre Bahnpost in Deutschland. In: Archiv PF 1(1949), S. 157-163.

Jenzen, Kurt: Beleuchtung der Bahnpostwagen. In: Informationsheft des Instituts für Post- und Fernmeldewesen Nr. 13; IPF 1959.

Jenzen, Kurt: Der Bahnpostwagen 4-b/24,7. In: Die Deutsche Post 2 (1957) H. 6, S. 130 - 134.

Jenzen, Kurt: Die Rekonstruktion der Bahnpostwagen mit 21,6 m Kastenlänge. In: Mitteilungen aus dem IPF (1966) H. 1, S. 8 - 10.

Jenzen, Kurt: 100 Jahre Entwicklung der Bahnpostwagen (1841–1940). In: Die Deutsche Post 2 (1957) H. 3, S.89-113.

Kirsch, Klaus: Bahnpostwagen für den Behälterverkehr. In: Die Deutsche Post 7 (1962) H. 12, S. 365 - 367.

Kirsch, Klaus: Bahnpostwagen heute und morgen. In: Die Deutsche Post 10 (1965), S. 371-374.

Kirsch, Klaus: Der Bahnpostwagenpark der DEUTSCHEN POST (DDR). In: Post- und Telekommunikationsgeschichte, Jg. 4 (1998), H. 1, S. 10...53.

Kirsch, Klaus: Moderne Schienenfahrzeuge im Posttransport. In: Die Deutsche Post 18 (1973) H. 12, S. 357 - 361.

Kirsch, Klaus: Neuer Bahnpostwagen in Vorbereitung. In: Die Deutsche Post 22 (1977) H. 6, S. 181 - 184.

Kirsch, Klaus; Schönfeld, Wolfgang: Schienenfahrzeuge im Dienst der Post. In: Eisenbahnjahrbuch 1974, S. 130-139, Berlin 1974. transpress, VEB Verlag für Verkehrswesen.

Kirsch, Klaus; Schönfeld, Wolfgang: Neue Bahnpostwagen für die Deutsche Post. In: Die Deutsche Post 12 (1967) H. 12, S. 357 - 359.

Kirsch, Klaus; Werner, Rudolf: Geschichte deutscher Bahnpostwagen. In: MIBA-Spezial 51, Februar 2002.

Kirschstein, Hellmut: Bremsanlagen für schnelle Bahnpostwagen der Nachkriegszeit, insbesondere der Wagen mit selbsttätiger Lastabbremsung. In: ETR - Eisenbahntechnische Rundschau, 17. Jg. (1968), H. 10, S. 411-427.

Königlich Württembergische Staatseisenbahnen: »Illustriertes Wagenpark-Verzeichnis«, 1907.

Konrad, Emil: Die Reisezugwagen der deutschen Länderbahnen. Band 2: Bayern, Württemberg, Baden, Stuttgart 1984. Franckh'sche Verlagshandlung W. Kaller & Co

Lathe, Fritz: Die Entwicklung des Baues der Bahnpostwagen bei der preußischen und der Reichspostverwaltung. In: Archiv für Post und Telegraphie, Jg. 1917, Nr. 3, S. 89-113.

Laubner, Wilfried: Bahnpostwagen der Gattung Post mebII/24,2 für die Deutsche Post aus der UVR. In: Die Eisenbahntechnik 27 (1979) H. 12, S 507 - 510.

Listen über die Umzeichnung der bayerischen und württembergischen Bahnpostwagen auf Wagennummern der DRP. Sammlungen A. Brandl und G. Schmitt.

Meyer, Bernhard: Neue Schnellzugs-Bahnpostwagen. In: Zeitschrift PF 1 (1949), Nr. 5, S. 89 - 90.

Miosga, Harry: Neue Entwicklung beim Bau von Bahnpostwagen der Deutschen Bundespost. In: ETR 17 (1968), H. 10, S. 395-410.

Miosga, Harry: 125 Jahre Bahnpostwagen in Deutschland. In: Archiv PF 28 (1976), Nr. 7, S. 899-1178.

Miosga, Harry: 130 Jahre Bahnpost in Deutschland. In: Archiv für deutsche Postgeschichte, Jg. 1980, H. 1, S. 5-116.

MPF-Verfügung vom 04.08.1967: International vereinheitlichte Kennzeichnung von Reisezugwagen; Kennzeichnung der Bahnpostwagen», P Bef 3 2511-0/8, Bundesarchiv, P, DM 3, 27763.

Mühl, Albert: Die bayerischen und württembergischen Bahnpostwagen. In: Lok-Magazin, Nr. 102 (Mai/Juni 1980), S. 222-243.

Der neue Postschnellzug - Das Glanzstück der Deutschen Bundespost (ohne Verfasserangabe). In: Zeitschrift PF 5(1953), Nr. 16, S.631.

Postmuseum Berlin: Der Postbetrieb in Berlin nach 1945. Sammelblatt Nr. 22

Posttaschenbuch 1971. Berlin 1971, transpress, VEB Verlag für Verkehrswesen.

Posttechnisches Zentralamt (PTZ): Posttechnische Informationen. Darmstadt.

Posttechnisches Zentralamt (PTZ): Gesamtbestand an Bahnpostwagen nach Gattungen, alte Bpw-Nummer / neue Bpw-Nummer nach dem 12-stelligen UIC-Code, Darmstadt: Stand 01.07.1967.

Posttechnisches Zentralamt (PTZ): Verzeichnis der postinternen Bauartnummer für Bpw m- und mr-/26, Darmstadt: Stand 01.02.1970.

Posttechnisches Zentralamt (PTZ): Diverse Bpw-Bau-Rundschreiben. Darmstadt: Ab September 1971.

Raißermayer, Hans: 100 Jahre Bahnpost in Bayern. In: Archiv für Postgeschichte in Bayern, Jg. 1950, Nr. 2, S. 142-156.

Reiche, Curt: Versuche zum Einführen des Behälterverkehrs. In: Die Deutsche Post 1 (1956), H. 5, S. 70-72.

RS: Kooperationsvertrag POSTDIENST / Deutsche Bahn AG. In: Eisenbahningenieur, Jg. 45 (1994), H. 10, S. 743.

Schönfeld, Wolfgang: Die Rekonstruktion der dreiachsigen Bahnpostwagen. In: Mitteilungen aus dem IPF (1965) H. 1, S. 3 - 6.

Schönfeld, Wolfgang: Neue Bahnpostwagen der Gattung Post m-bII/24,2. In:
Teil I: Mitteilungen aus dem IPF (1967) H. 5, S. 7 - 14;
Teil II: Mitteilungen aus dem IPF (1968) H. 1, S. 1 - 11.

Schönfeld, Wolfgang: Neue Bahnpostwagen der Gattung Post m-bII/24,2 - zwei Jahre im Einsatz. In: Mitteilungen aus dem IPF (1970) H. 4, S. 1 - 3.

Schönfeld, Wolfgang: Zweiachsige Containertragwagen für die Deutsche Post. In: Mitteilungen aus dem IPF (1972), H. 3, S. 1 - 3.

Schönfeld, Wolfgang; Jenzen, Kurt: Betriebstechnische Erfahrungen mit Luftheizaggregaten in Bahnpostwagen. In: Mitteilungen aus dem IPF (1971) H. 4, S. 4 - 5.

Schönfeld, Wolfgang; Jenzen, Kurt: Einsatz neuer Aggregate zur Sicherung des Stromhaushaltes in Bahnpostwagen. In: Mitteilungen aus dem IPF (1970) H. 6, S. 9 - 14.
Schönfeld, W.; Jenzen, K.: Elektrische Beleuchtungsanlagen und Heizsysteme in Bahnpostwagen. In: Informationsheft des Institutes für Post- und Fernmeldewesen, Sonderheft 1966.

Schönfeld, Wolfgang; Jenzen, Kurt: Versuche mit neuem Fußbodenwerkstoff in Laderäumen der Bahnpostwagen. In: Mitteilungen aus dem Institut für Post- und Fernmeldewesen (1971) H. 2, S. 6 - 9.

Schriftverkehr-Kopien über Reparaturarbeiten an Bahnpostwagen in Gotha und Görlitz. In: Sammlung W. Theurich.

Schuster, Dr. F.: Die staatsrechtlichen Grundlagen der Postverwaltungen in den Besatzungszonen Deutschlands. In: Archiv PF 1(1949), S. 135-147.

Stammkartei der Bahnpostwagen
- Altkartei der DRP (Stand 01.02.1944);
- Neue Kartei der DBP (von 1945 bis 1997).

Statistische Jahresberichte der Deutschen Post; Bibliothek des Museums für Kommunikation, Berlin

Transpress Handbuch POSTTECHNIK, Berlin.
transpress, VEB Verlag für Verkehrswesen.

Tranpress Lexikon EISENBAHN, 2. Aufl. Berlin 1972. transpress, VEB Verlag für Verkehrswesen.

Verzeichnis der reichseigenen Eisenbahn-Postwagen. Bestand vom 01. Oktober 1898, weitergeführt bis 1916.

Verzeichnis »Wagen der Königlich Sächsischen Staats-Eisenbahnen«. Aufgestellt 1895 mit zusätzlichen Angaben von Herrn E. Konrad (+)

Wagenbeschreibungen, Zeichnungen und Zeichnungsverzeichnisse der jeweiligen Zentralämter vor und nach 1945.

Wagenbestandskartei der DP ab 1948

Wagenbestandskartei der DP ab 1967

Wagen-Verzeichnis der Kgl. Bayer. Staatseisenbahnen, Rechtsrheinisches und Pfälzisches Netz, nach dem Stande vom 31. März 1913.

Wagner, Peter; Wagner, Sigrid; Deppmeyer, Joachim: Reisezugwagen deutscher Eisenbahnen, Deutsche Bundesbahn und Deutsche Reichsbahn. Düsseldorf und Berlin 1973 und 1987.
Alba Publikation Alf Taloekon GmbH + Co KG
transpress, VEB Verlag für Verkehrswesen.

Werner, Rudolf: Die neuen Bahnpostwagen-Nummern im Rahmen der international vereinbarten »Einheitlichen Kennzeichnung der Reisezugwagen«. In: Zeitschrift PF 18/67, S. 685-688.

Werner. Rudolf; Hölzer, Hans-Jochen: Das Bahnpostwagen-Buch. Numerisches Verzeichnis, Chronik und Illustrationen von Bahnpostwagen und Postabteilen deutscher Postverwaltungen 1851 bis 1997; zweite erw. Auflage. Frankfurt am Main: POST MUSEUM SHOP GmbH, 2001

WEITERE INTERESSANTE BÜCHER ZUM THEMA

Dieses Buch bietet kurze, prägnannte Informationen über Entwicklung, Geschichte und Einsatz der wichtigsten deutschen Diesellloks sowie ihre technischen Daten. Dabei werden importierte Maschinen genauso wie die für Privatbahnen entwickelten und produzierten Loks vorgestellt.
144 Seiten, 150 Abb., 170 x 240 mm
ISBN 978-3-613-71660-5
€ 19,95 | € (A) 20,60

Dieser Band bietet einen Überblick über die Lokomotiven und Triebwagen der Deutschen Bahn AG seit ihrer Gründung am 1. Januar 1994, als sich die beiden deutschen Staatsbahnen Deutsche Bundesbahn (DB) und Deutsche Reichsbahn (DR) der DDR zu diesem neuen Unternehmen zusammenschlossen.
144 Seiten, 150 Abb., 170 x 240 mm
ISBN 978-3-613-71677-3
€ 19,95 | € (A) 20,60

Dieses Buch stellt alle Reisezugwagen der Deutschen Reichsbahn der DDR übersichtlich in Wort und Bild vor. Kurz und kompetent beschreibt der Autor die Entstehung und die Besonderheiten jedes Fahrzeugs. Eine echte Fundgrube und Identifikationshilfe auch für den Modelleisenbahner.
144 Seiten, 150 Abb., 170 x 240 mm
ISBN 978-3-613-71679-7
€ 19,95 | € (A) 20,60

Vom Schmalspurwagen bis zum Containertransportwagen reichte die Palette der Güterwagen auf den Gleisen der Deutschen Reichsbahn. Marc Dahlbeck beschreibt die Entstehung und Besonderheiten aller Güterwagen der DDR, angereichert mit Tabellen zu den technischen Daten.
144 Seiten, 150 Abb., 170 x 240 mm
ISBN 978-3-613-71691-9
€ 19,95 | € (A) 20,60

Leseproben zu allen Titeln auf unserer Internetseite

Überall, wo es Bücher gibt, oder unter
WWW.MOTORBUCH-VERSAND.DE
Service-Hotline: 0711 / 78 99 21 51
www.facebook.com/MotorbuchVerlag